U0301066

高等职业教育"十二五"规划教材

FUZHUANG JIEGOU SHEJI

服装结构设计

主　编　陈雪清
主　审　张祖芳
副主编　邓江凤　何晓琴　高　洁
参　编　叶林心　江智霖　张　雨
　　　　季学琴　路　瑶　黄晓丹
　　　　陈秀免　陈乃琛

重庆大学出版社

内容提要

服装结构设计是服装专业的核心课程,它贯穿服装专业整个课程体系,是服装专业学生就业的基本技能。本书知识目标部分内容的设置以突出实用性为原则,主要从服装结构设计基础入手,重点强调人体体型与服装之间的关系。技能目标部分内容主要从教学和服装企业的生产实际的需要出发,构建以日本文化为原型的应用原理及变化应用为主线、部分采用比例法应用原理及应用方法为辅线的教学方式,对女装、男装、童装、特体一些具有代表性的服装款式进行结构设计,同时也对一些流行的时装款式变化和服饰配件进行分析,并配有简洁的结构设计。最后紧密联系实践与企业共同开发产品设计,基于工作过程任务对成衣系列工业样板专业知识的分析和对具有代表性的服装设计教学教改实践成果案例分析。

本书适合高等职业教育服装院校师生学习,亦可作为服装从业人员及服装制板爱好者的参考资料。

图书在版编目(CIP)数据

服装结构设计/陈雪清主编. —重庆:重庆大学
出版社,2014.8
高等职业教育"十二五"规划教材
ISBN 978-7-5624-7890-4

Ⅰ.①服… Ⅱ.①陈… Ⅲ.①服装设计—结构设计—
高等职业教育—教材 Ⅳ.①TS941.2

中国版本图书馆 CIP 数据核字(2013)第 293548 号

高等职业教育"十二五"规划教材
服装结构设计
主 编 陈雪清
主 审 张祖芳
副主编 邓江凤 何晓琴 高 洁
责任编辑:范 莹 版式设计:范 莹
责任校对:刘雯娜 责任印制:赵 晟

*

重庆大学出版社出版发行
出版人:邓晓益
社址:重庆市沙坪坝区大学城西路 21 号
邮编:401331
电话:(023)88617190 88617185(中小学)
传真:(023)88617186 88617166
网址:http://www.cqup.com.cn
邮箱:fxk@ cqup.com.cn(营销中心)
全国新华书店经销
自贡兴华印务有限公司印刷

*

开本:890×1240 1/16 印张:17 字数:588 千
2014 年 8 月第 1 版 2014 年 8 月第 1 次印刷
印数:1—3 000
ISBN 978-7-5624-7890-4 定价:39.00 元

本书如有印刷、装订等质量问题,本社负责调换
版权所有,请勿擅自翻印和用本书
制作各类出版物及配套用书,违者必究

编写委员会

主　任：林　彬　福建商业高等专科学校党委书记

副主任：黄克安　福建商业高等专科学校校长、教授、硕士生导师、政协福建省委常委、国务院政府特殊津
　　　　　　贴专家、国家级教学名师

　　　　吴贵明　福建商业高等专科学校副校长、教授、博士后、硕士生导师、省级教学名师

秘书长：刘莉萍　福建商业高等专科学校教务处副处长、副教授

委　员：（按姓氏笔画排序）

　　　　王　瑜　福建商业高等专科学校旅游系主任、教授、省级教学名师

　　　　叶林心　福建商业高等专科学校商业美术系副教授、福建省工艺美术大师、高级工艺美术师

　　　　庄惠明　福建商业高等专科学校经济贸易系党总支书记兼副主任（主持工作）、副教授、博士后、
　　　　　　　　硕士生导师

　　　　池　玫　福建商业高等专科学校外语系主任、教授、省级教学名师

　　　　池　琛　中国抽纱福建进出口公司总经理

　　　　张荣华　福建冠福家用现代股份有限公司财务总监

　　　　陈元璋　福建福田服装集团有限公司董事长

　　　　陈增明　福建商业高等专科学校教务处处长、副教授、省级教学名师

　　　　陈建龙　福建省长乐力恒锦纶科技有限公司董事长

　　　　陈志明　福建商业高等专科学校信息管理工程系主任、副教授

　　　　陈成广　东南快报网站主编

　　　　苏学成　北京伟库电子商务科技有限公司中南大区经理

　　　　林　娟　福建商业高等专科学校基础部主任、副教授

　　　　林　萍　福建商业高等专科学校思政部主任、副教授、省级教学名师

　　　　林常青　福建永安物业公司董事长

　　　　林军华　福州最佳西方财富大酒店总经理

　　　　洪连鸿　福建商业高等专科学校会计系主任、副教授、省级教学名师

　　　　章月萍　福建商业高等专科学校工商管理系主任、副教授、省级教学名师

　　　　董建光　福建交通（控股）集团副总经理（副厅级）

　　　　谢盛斌　福建锦江科技有限公司人力行政副总经理

　　　　廖建国　福建商业高等专科学校新闻传播系主任、副教授

序

  胡锦涛总书记在清华大学百年校庆讲话中提出，人才培养、科学研究、服务社会、文化传承创新是现代大学的四大功能。高校是人才汇集的高地、智力交汇的场所，在这里，古今中外的思想、理论、学说相互撞击、相互交融，理论实践相互充实、相互升华，百花齐放、百家争鸣，并以其强大的导向功能辐射影响全社会，堪称社会新思想、新理论、新观念的发源地和集散中心。教师扮演着人类知识传承者和社会责任担当者的角色，更应践行"立德、立功、立言"人生三不朽。

  当下许多教师，特别是青年教师尚未脱离从家门到校门、从校门再到校门的"三门学者"的路径依赖，致使教学内容单调、研究成果片面。要在教学上有所成绩、学术上有所建树、事业上有所成就，不仅要做"出信息、出对策、出思想"的"三出学者"，更要从"历史自觉"的高度有效克服自身存在的"历史不足"，勇于探索出一条做一名"出门一笑大江横""出类拔萃显气度""出人头地见风骨"的"三出学者"路径。作为高职高专院校的教师，要培养学生成为"应用型""高端技能型"人才，更要亲密接触社会、基层获取实践经验，做到既博览群书又博采众长，既"书中学"更"做中学"，成为既有理论又有实践经验的综合型人才。

  百年商专形成了"铸造做人之行，培育做事之品"的"品行教育"特色。学校在做强硬实力的同时，不遗余力致力于软实力建设。要求教师一要敢于接触社会，不能"两耳不闻窗外事，一心只读圣贤书"，要广泛接触社会，了解社情民意，与企事业单位"亲密接触"；二要勇于深入基层，唯有对基层、对实际有深入的了解，才能做到"春江水暖鸭先知"，才能适时将这些知识与信息传播给学生；三要勤于实践锻炼。教师只有自觉增强实践能力，接受新信息、新知识、新概念，了解新理念，跟踪新技术，不断更新自身的知识体系和能力结构，才能更加适应外界环境变化和学生发展的需求。俗话说："要给学生一杯水，自己就要有一桶水"，现在看来，教师拥有"一桶水"远远不够了，教师应该是"一条奔腾不息的河流"！教师要有"绝知此事要躬行"的手、要有"留心处处皆学问"的眼、要有"跳出庐山看庐山"的胆，在"悬思—苦索—顿悟"之后，以角色自信和历史自觉，厚积薄发，沉淀思想、观点、经验、体悟。

  百年商专，在数代前贤和师生的共同努力下，取得了无数的荣誉，形成了自己的特色和性格，拥有了自己的尊严和声誉，奠定了自己的地位和影响，也创出了自己的品牌和名气。不同时代的商专人都应为丰富商专的内涵作出自己的贡献。当下的"商专人"更应以"商专人"为荣，靠精神、靠文化、靠人才、靠团结、靠拼搏，敬业精业、齐心协力、同舟共济，强基固础、争先创优、攻坚克难、奋发有为。在共同感受学生成长、丰富自己人生、铸就学校未来的同时，服务社会、奉献社会，为我国的高职教育作出自己一份贡献。

  源于此，学校在长乐企业鼎力支持下建立"校本教材出版基金"，鼓励和支持有丰富教学与企业经验、较高学术水平与教材编写能力的教师和相关行业企业专家共同编写校本教材。本系列校本教材在编写过程中，力求实现体现"校企合作、工学结合"的基本内涵；符合高职教育专业建设和课程体系改革的基本要求，以"基于工作过程或以培养学生实际动手能力"为主线设计教材总体架构；符合实施素质教育和加强实践教学的要求；反映科学技术、社会经济发展和教育改革的要求；体现当前教学改革和学科发展的新知识、新理念、新模式。

  斯言不尽，代以为序。

福建商业高等专科学校党委书记 林 彬

2011 年 12 月

前言

《服装结构设计》的编写是按照我国高等职业教育教学改革的要求，根据市场调研和企业的人才需求，找准人才培养目标定位，明确专业职业面向与岗位面向，遵循"对接产业、对接企业、对接工作岗位、对接工作任务、对接典型工作过程"的五对接原则，从而形成本课程的教学特色。本书从实用性出发，充分体现"工学结合"为主线的人才培养模式。

本书特色有如下四个方面：

一、全面系统完整。以就业为导向，科学合理地设置服装结构设计课程，建立从款式的外部廓型设计、内部结构设计，包含对服装结构设计知识点的拓展，使女装结构设计、男装结构设计、童装结构设计、服饰配件结构设计以及对成衣主题系列的整体结构设计等方面，都形成了完整的教材结构设计的综合实训体系。

二、内容突出实用性。采用"教、学、做"的具体方法，基础理论内容的设置以突出实用性为原则，重点强调以人体体型与服装之间的关系，构建以日本文化原型的应用原理及变化应用为主线，部分采用比例法应用原理及应用方法为辅线的教学方式。与企业共同开发产品设计，选用成功企业产品。基于工作过程任务的案例分析，作为校企合作产学研课题的实训项目，并始终贯穿于整个服装结构设计教学的全过程。

三、专业特色鲜明。以企业岗位需求为目的，着重服装款式设计、工艺设计课程设置的匹配及其应用性。注重理论与实践结合，将相关艺术学科的知识点进行延伸，总结规律，不断追求结构设计创新，使学生和企业人员都能以服装行业需求为标准，提高其专业核心能力和全面的专业技术水平应用能力，具有很强的针对性。

四、具有很强的创新性。本书突破传统的教师中心论，体现了以学生为本的现代教材编写理念。之前的教材都是教师直接的所思所想，利用教师的讲授和灌输进行教学。而新的课程理念认为，教学习方法与教思维方法是一致的，学会思维，掌握具有创新性的学习方法是非常重要的。会思维，就是会学习。本书充分考虑学生的实际情况，力图通过大量关键术语提要和整体系列图片实例，抓住重点，突出实践性，使教材由过去的"教"材变成现在的"学"材，为学生的开放性学习和自我拓展提供了广阔的空间。

本书由陈雪清副教授担任主编，由东华大学服装与艺术设计学院张祖芳教授担任主审。由邓江凤、何晓琴、高洁担任副主编。全书编写具体分工：由陈雪清负责拟订模块1至模块9的体系、大纲、统稿和定稿。本书模块1、模块6由陈雪清编写；模块2由邓江凤、路瑶、陈雪清共同编写；模块3、模块4由江智霖、陈雪清共同编写；模块5、模块8由陈雪清、张雨共同编写；模块7由陈雪清、季学琴、黄晓丹、陈秀免共同编写；模块9由何晓琴、高洁共同编写；叶林心、何晓琴、高洁、陈乃琛为教材的编写及审稿、编辑等做了大量的工作。该书在编写的过程中，还得到了福建福田服装集团有限公司董事长陈元璋、设计师张翠娥、福建海峡服装有限公司总经理王剑华、福建长乐友良服装有限公司总经理陈振刚、福州排山倒海工贸（服装）有限公司总经理黄启儒、福州林氏（逗号）香港服饰有限公司总经理林时雨，以及利郎（中国）有限公司和卡宾服饰（中国）有限公司的鼎力支持，在此，一并表示最诚挚的谢意。

本书所涉及的内容较为丰富、信息量大、专业型强、知识面广，它基本涵盖了服装结构设计的学生必须掌握的专业知识和专业技能，突出了服装结构设计这门学科的科学性和时代特色，凸显了服装设计的专业特征和职业化特点，资料翔实，可读性强。但由于组织工作时间紧，任务重，本教材无论在内容还是在形式上，都还不尽如人意。在此，恳请广大专家、师生、读者批评指正。

编　者
2013 年 7 月

目 录

模块 1　服装结构设计基础

模块 2　女装结构设计

模块 3　男装结构设计

模块4　童装结构设计

模块5　特体服装结构设计

模块6　时装纸样设计

模块 7　服饰配件结构设计

模块 8　成衣系列工业板型推板设计

模块9　服装设计教学教改实践成果案例分析

模块1
服装结构设计基础

■ ■ ■ ■ ■ ■

知识目标

　　了解服装结构设计的基本概念及其表现形式；掌握人体主要部位的构成、服装制图方法和尺寸标注的基本要求；掌握服装结构设计的原理、服装号型系列的应用。

技能目标

　　掌握常用服装术语、代号、计量单位的换算与制图工具的使用；熟练掌握人体测量与服装测量、人体比例与服装造型之间的关系；熟练掌握对服装效果图的审视、结构的分析、各部位的吻合及各部件组合关系，为后期结构设计的板型推板和工艺操作奠定基础。

项目1   服装结构设计概述

任务1   认识基本概念

1) 结构的概念

"结构"这一概念来源于建筑学,是指事物各部分的分配组织。在服装设计中,我们将覆盖于人体的服装比喻为建筑物,将服装的各部位和各部件的组合比作建筑物中各构件的结合,因此称之为"结构"。建筑结构一方面受物质技术水平和实用功能的制约,另一方面它的形成和风格的演变又受着人的精神生活以及社会审美意识的影响。它通过空间组合、体型、比例、材质、色调、韵律等艺术语言的象征手法,构成一个丰富复杂的如雕塑般的形体体系,构成一种造型美。

我们把"结构"这一概念移入服装设计,无疑是一种根据人体特点以及人体各部位的功能需要和人们精神生活与活动方式的需求,科学地、艺术地设计组合服装各部位、各部件的系统化方式,并用形体、质地、色彩来构成服装艺术形式美的造型体系。这是一种立体的思维方式,是将衣片平面转向立体动态着装的过程,也是平面和立体有机结合起来思考三维空间的设计方式,是一切服装造型设计和结构设计的共同基础。

2) 服装结构设计的概念

服装结构设计是以人体为本的服装结构平面分解与立体造型构成规律的学科。它是将服装设计图经过分析绘制成纸样,分割为衣片并缝合起来制成衣服的全过程,在此过程中它还需要进行分析、计算,画出各种结构线和轮廓线的造型,其中涉及的服装成型之后的造型美观程度。因此,结构设计是一项技术性、艺术性、工程性和创造性很强的设计工作,是现代服装专业中一门独立的重要学科。

3) 当代设计对服装结构设计的影响

当代设计对服装结构设计的影响体现在许多方面。首先,服装的发展离不开社会和其他设计思想和艺术风格的影响。其次,服装结构设计的创新与创造方法往往是与我们的社会、人们的生活、生活的环境息息相关,而当代设计是反映时代精神最好的媒介。因此,服装结构设计经常把这些好的设计理念和设计形态及设计材料用于自己的创作中去,流行与市场的掌握是服装结构设计最普遍的认识。再次,服装结构设计在当下的设计越来越走向个性化、概念化的趋势,这与现代设计如工业造型的产品设计、建筑设计、电视广告设计等如出一辙。因此,服装结构设计有着独特的设计方法和较为社会性的因素,与其他设计之间的关系非常密切,同时又具有较强的前卫性。

任务2   了解服装结构设计的研究内容

服装结构是人体的立体形态在平面制图中的反映,是一门综合性学科,涉及几何学、材料学、人体工程学以及文学、艺术、生理、心理、美学、数学等方面的内容。要求结构设计人员不仅要熟悉结构制图的方法，还要掌握结构原理和平面与立体的转化关系，在结构设计理论的指导下，有的放矢地进行结构变化，这与人们通常所指的服装裁剪完全是两种概念。要掌握结构原理，首先要做好以下几方面的研究。

1）有关人体尺寸、形态、构造及人体运动的研究

服装结构设计是以人体为依据，学习服装结构首先要了解人体结构，不同民族、地域、性别、年龄的人，体型特征也不相同。结构理论是针对标准人体而建立的，在实际应用中还要根据具体的人体特征作一些必要的调整，因此，了解各种人体结构特点，有助于灵活运用结构理论。人体由头、胸、臀、四肢这些体块所组成，这些体块的基本形状和尺寸是构成衣片规格与形状的基础。结构设计自始至终都是以人体为中心的，因此，对人体尺寸、形态及构造的研究，是结构设计中的基本内容。人体大部分时间都处在运动中，人体的运动会使各体块间的相互关系发生微妙的变化，这种变化决定服装与人体的间隙度，服装的基本松量，就是为了适应人体运动需要而设置的。了解人体各部位的运动方式及运动幅度，对结构设计中松量的确定有重要作用。

2）关于服装的平面构成与立体构成的研究

服装的立体构成与平面构成是结构设计中不可分割的两个组成部分。立体构成的作用是创造服装整体或局部的立体形态。立体构成的意义不仅是完成整件服装的结构设计，而且还可以选取与造型相关的局部，如肩部、胸部、腰部、臀部、四肢等，做一些模仿人体或夸张式的造型训练，通过这样的训练，能提高造型能力。平面构成的作用是将立体形态分解成若干个平面，通过对各种立体作平面展开，获得不同的平面形状。立体构成与平面构成的训练，有助于掌握服装的立体形态与衣片的平面形状之间的转化关系，为平面制图中结构线的设计提供造型依据。

3）关于服装材料的研究

服装材料是指构成服装的所有用料，按用途可分为服装面料和服装辅料。服装面料是指构成服装表面的主要用料，对服装造型、风格及性能起主要作用。服装辅料是指除面料以外的所有用料，对服装构成起着辅助的作用。辅料的种类很多，不同的辅料有着不同的作用。辅料的作用是非常明显的，服装的许多风格和功能都需要辅料的配合才能实现。辅料包括里料、衬料、垫料、填充料、缝纫线、扣袢材料、花边蕾丝、商标带、号型尺码、成分的标签、产品使用说明牌以及各种包装等。

服装材料是表现服装设计美感的物质基础。服装设计师造型手段的高低，在很大程度上取决于对材料的研究和应用。材料的特点是由原料，棉、麻、毛、丝、化纤等和它们的组织结构，平纹组织、斜纹组织、提花组织等所构成的。原料与组织结构的不同组合，能够产生有光泽、有肌理、柔软的、挺括的、厚重的、轻盈的等不同风格的面料，巧妙地利用材料是设计成功的要素。材料不仅影响服装的外观，而且还影响服装的内在结构及缝制工艺。例如，组织结构疏松、表面肌理粗犷的面料采用密集的线迹；轻柔的丝绸和厚重的牛仔布采用较大的针距；大花型的面料过多地采用褶裥和分割会破坏面料的完整；厚而挺括的呢料过多地叠褶会给缝制造成困难，等等。此外，材料的特性还与服装的造型有直接关系。厚重的面料具有掩盖体型的作用，轻柔的面料具有显露体型的作用。厚重的面料可塑性强，可以构成各种廓形的服装。轻柔的面料装饰性强，可以结合夸张的手法设计出各种优美的褶线。厚重面料宜做严谨而端庄的服装，轻柔的面料宜做结构松动而变化随意的服装。因此对服装材料的研究，是服装结构设计中不可缺少的环节。随着科学技术的进步，社会生活和文化观念的变化，人们对服装的要求越来越注重它的生态环保性、功能性等，因此，环保型的纤维、差别化纤维和特殊功能型的新型高科技技术合成纤维材料应运而生。

4）服装生产工艺的研究

服装结构设计的最终目的是实现产品生产，因此结构设计不仅要考虑造型的需要，而且要考虑生产的可能。好的结构设计既能保证造型完美，又能方便排料、裁剪及缝制工作，以提高生产效率。另外，结构的变化必然引起生产工艺的变化，结构设计既要适应常规生产工艺，又要千方百计地改革生产工艺。对生产工艺的研究可以拓宽结构设计的创作思路，促进服装结构形式的变化。

任务3 了解服装结构设计的作用

现代服装工程设计是一门综合性的课程,它包括造型设计、结构设计和工艺设计3个方面的内容。结构设计是整个服装设计过程中的中间环节,它起着承上启下的重要作用,承上就是真实地体现和反映服装造型设计的意图;启下就是能够满足服装工艺设计与制作的可行性和可操作性。一件上乘的服装产品,应该是造型设计、结构设计、工艺设计三者的完美结合。

1)造型设计

造型设计是设计师的主观构想,是设计师对作品的整体策划,它包括服装的廓型、色彩、材料质地、图案、纹样、装饰配件等组合,并以服装造型效果图的形式表现。

2)结构设计

结构设计是造型设计的深入,一是服装与人体之间的对应关系,即反映在平面状态下的衣片结构线,与立体状态的人体之间的对应关系。二是服装自身各部件之间的配合关系及变化原理,如领型结构原理与变化规律,领子与领圈的配合关系;袖型结构原理与变化规律,袖山与袖窿的配合关系;袋型结构原理与变化规律,袋形、袋位及功能;省、褶的构成原理与变化规律,省的移位与变形,省与衣缝的融合;服装的廓型变化与分割原理等。三是人体运动变化对服装造型的影响。结构设计的表现形式是在制图基础上形成的裁片或纸样。

3)工艺设计

工艺设计是使设计由构思转化为现实的根本途径。它包括生产程序的设计,质量标准的制订,装饰手法与特殊工艺的选择与创新等。工艺设计是使服装提高品质档次与艺术效果的手段,尤其是在工业化生产中发挥着重要的作用,为企业的生产管理与质量管理提供可靠的保障。

学习掌握服装结构设计平面与立体的相互转化,服装时尚性变化与结构设计变化的方法和表现技能是结构设计的重要内容。服装造型设计应具有集艺术修养、人文、审美情绪于一体的特点,充分发挥自己的灵感和想象力进行创作,属于形象思维的范畴。而服装结构设计有别于其他设计,其特点在于设计与生产是连贯的,设计的本身就包含着对结构的改革及对生产工艺的创新,是具有科学性、艺术性、技术性的特点。因此,只有将理论与实践相结合,并经过严格的技能训练,才能成为一名具有实力的服装结构设计人员。为此,我们在服装高等职业教育中都把服装结构设计作为一门重要的课程开设,这对于培养学生的整体技能,促进学生由单纯的绘画型向生产技术型的转化,有着十分重要的意义。

项目2 服装与人体

人体是服装造型的基础,当我们进行服装设计时,款式造型应该是设计最为重的环节。而影响服装款式造型的关键,又正是服装结构设计,它对解决人体结构凹凸起伏的表面形态起着决定性的作用。

任务1 掌握人体体型的基本结构

根据人体外形特征和关节活动特点,可将人体划分为头、躯干、上肢和下肢4个部分。有20个部位是人体的重要活动部位。人体部位的划分将为服装部位划分和分界以及设计部位提供可靠的依据。

①头部是由脑颅、面颅和发型组成。它是设计帽子的主要依据。

②躯干部是由胸部、腰部、臀部组成。包括颈部、肩部、胸部、腰部、腹部、背部、臀部。

③上肢是由上臂部、下臂部、手部组成。包括肩端部、肘关节部、手部。

④下肢是由大腿部、小腿部、足部组成。包括胯关节部、膝关节部、踝关节部、足部。

其中颈部、腰部、肩端部、肘关节部、手部、胯关节部、膝关节部、脚部部是人体的重要组成部位。人体的弯、转、扭、伸、屈、抬、摆等各种动作都由这些部位的运动而形成。

人体的骨骼是人体的支架,它决定了人体各部位的长短、宽窄以及肢体生长方向;而人体的肌肉是附在骨骼上的,它决定了人体外观形态与人体活动的规律。如图1.1所示。

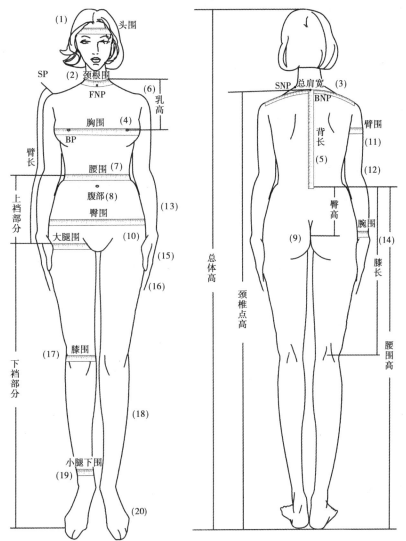

图1.1 人体构成的主要20个部位

(1)头部 (2)颈部 (3)肩部 (4)胸部 (5)背部 (6)肩端部 (7)腰部 (8)腹部 (9)臀部 (10)胯关节部 (11)上臂部臂
(12)肘关节部 (13)下臂部 (14)手腕部 (15)手部 (16)大腿部 (17)膝关节部 (18)小腿部 (19)踝关节部 (20)足部

任务 2　掌握不同人体的形态差异

人体的体型是由不同性别、不同年龄人体的形态差异。这种人体的形态差异与服装结构设计与制图有着直接的关系。

1）男女形态差异

①男性的轮廓方正明晰,喉结明显;女性的轮廓柔和娟秀,曲线优美。

②男性最宽部在肩膀,女性的最宽部在臀部骨盆处。

③男性的人体中心在耻骨,腰线在肚脐的下方;女性的人体中心在耻骨的上方,腰线在肚脐的上方。

④男性的乳头位置要比女性的乳头位置要高。

⑤男性的肩部宽阔,女性的肩部倾斜圆满。

⑥男性的胸部宽阔,呈方形;女性的胸部柔和、丰满、呈椭圆形。

⑦男性腹部浑厚而坚实,女性的腹部修长且丰盈。

如图 1.2 所示。

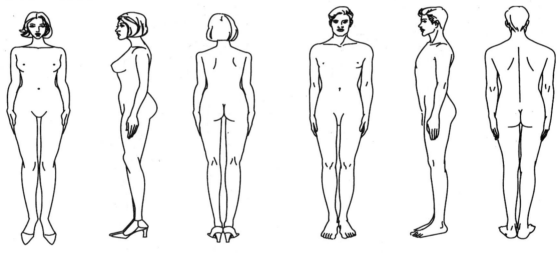

图 1.2　男女体态差异

2）人体各年龄段形态差异

①人的一生要经历婴儿期、幼儿期、少儿期、青年期、中年期、老年期几个阶段。随着年龄的增长,人的身高、体型、体重等方面都会发生明显的变化。

②人体发育出现第二次高峰是在少年期,男孩每年可长高 6 ~ 7 cm,女孩每年可增长 5 ~ 6 cm。

③进入了青春期后,除了身高迅速增长外,体型及全身各个器官变化较大,性别的特征也日益明显。男孩的肩膀变厚变宽,胸围扩大,肌肉发达,骨骼粗大,喉结突起,体态上出现了男性的特征。女孩的体态变化更为明显,皮下脂肪增多、变厚、皮肤细腻、光滑、胸围增大。乳房隆起,臀部也变得丰满发达,呈现了青春少女的自然体型。人体发育至 25 岁几近成熟。

④人生步入中年,体态就呈现出衰老的迹象,在额头、眼角处出现皱纹,肌肉松弛,脂肪积聚,腰围与臀围增大,身高稍有降低,头发逐渐变白。

⑤进入老年之后,体态的衰老迹象更为明显,由于骨骼的老化、背部驼起、脸部和腹部以及关节活动的各个部位产生了许多的皱纹,行动也变得迟缓。

人体的发育、生长和衰老的体态变化是一个自然的过程,对每个时期体态及其变化的了解有助于各种人体形象的塑造。也是我们在进行服装结构设计与制图时,必须对不同人体的形态差异的了解与研究,这样才能设计出更加符合人体着装效果并具有美感的服装。如图1.3所示。

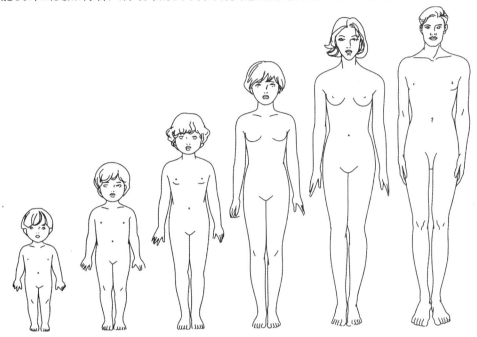

图1.3 人体各年龄段的形态差异

任务3 熟练掌握人体测量

1) 测量要领

①净尺寸测量。"净尺寸"是指人体各部位的实际尺寸,测量时为了使尺寸准确,要求被测量者穿紧身薄型衣服。测量得到胸围、腰围、臀围等围度尺寸不加松量;袖长、裤长等尺寸按照常规测量"基本尺寸"即可。在设计服装纸样时,可根据款式要求以"净尺寸"和"基本尺寸"为参数进行增减变化。

②定点测量。定点测量时为了保证各部位测量的尺寸尽量准确,避免凭借经验猜测。例如:围度测量先确定测位的凸凹点,然后作水平测量;长度测量是有关各测点的总和,如袖长是肩点、肘点、尺骨点连线之和。

③厘米制测量。测量者所采用的软尺,必须是统一的厘米制,以求得标准单位的统一、规范。在服装制图中也是使用厘米制。

2) 测量方法

①认真仔细地观察和分析被量者的体型特征,以便获得与一般体型的共同点与特殊点,并作好记录。

②量体要快而准,按规定的顺序进行。

③掌握好测量点,测量点多数是指触及体表的骨端或凸凹点,以身体立正、上肢下垂的姿势为准。

④测量围度时,要经过某一被测点绕体一周,软尺拉得不松不紧为宜。一般胸围、腰围、臀围等要拉成水平状。如果身体表面有局部凹陷,也不必沿凹陷部位表面进行测量。测量长度时,应随着人体起伏

测量两个被测点(有时不通过中间的测量点)之间的实际长度,测量高度时,应测量两个被测点之间的垂直距离。

3)人体测量的部位

人体测量的部位,如图1.4 所示。

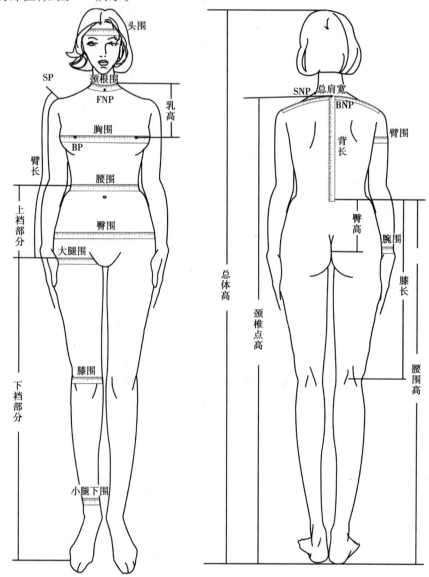

图1.4　人体测量部位

人体测量的部位主要有21 个,其中垂直方向的10 个,水平方向的11 个。

(1)垂直方向的部位10 个

①总体高:头顶垂直至脚平面。

②颈椎点高:第七颈椎点垂直至脚平面。

③背长:第七颈椎点至腰围线。

④臀高:腰围线垂直至大转子。

⑤乳高:颈侧点至乳峰点。

⑥臂长:手臂弯曲90 度,第七颈椎经肩端点,再经肘到手腕。

⑦腰围高:腰围线垂直至脚平面。

⑧膝长:腰围线垂直至膝长弯处。

⑨上档部分:腰围线至大腿胯部处。

⑩下档部位:臀股沟至脚平面。

（2）水平方向的部位 11 个

①头围:耳上方水平围量一周。

②颈根围:沿第七颈椎点围量一周。

③总肩宽:左右肩端点的距离。

④臂围:沿臂根围量一周。

⑤胸围:经肩胛骨、腋窝、乳高点围量一周。

⑥腰围:腰部最细处围量一周。

⑦臀围:臀部最丰满处围量一周。

⑧腕围:沿手腕围量一周。

⑨大腿围:大腿最粗处围量一周。

⑩膝围:经膝围骨围量一周。

⑪小腿下围:经脚踝骨围量一周。

项目3 服装结构制图常识

任务1 掌握基础知识

1）服装结构制图

服装结构制图是将立体的服装款式分解为平面的服装结构图的一种技术表现手段。它根据人体主要控制部位的尺寸规格、计算方法,按比例将服装结构分解、运用制图的方法画出服装衣片和部件的平面结构图,然后再将其裁成衣片。

2）服装制图

服装制图是根据一定的数据和公式运用制图方法画出,将人体最大限度地概括成若干平面,从而产生不同大小面积与形状的衣片。

3）制图样板制作

制图样板制作是服装成型的重要环节,在制作样板之前需要设定制作的成衣尺寸,成衣尺寸的设定一般是采用国家服装号型中的中间号型,以方便后面的样板缩放和批量生产。服装样板的制作是采用平面裁剪方法来进行的。如果在制作高档服装样品时可以采用立体的裁剪方法,或根据需要也可以采用平面与立体两种裁剪法综合进行使用。依据号型的具体成衣尺寸和服装设计的具体造型结构特征,依次裁制出服装各个部分的标准样板,而后按其缝制工艺的前后次序编号成套。

4)服装裁剪

服装裁剪是一项相对独立的技术工作,裁剪质量的好与坏直接影响服装缝制的工艺和成衣产品的质量,因此,服装裁剪在服装工艺制作中起着至关重要的作用。在服装裁剪中要树立面料的经纬斜向的概念,在面料中长度方向称为经纱,宽度方向称为纬纱,经纬纱之间称为斜纱,在服装行业中俗称为直丝绺、横丝绺、斜丝绺,它们之间各自具有独立的性能。如图1.5所示。

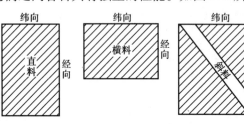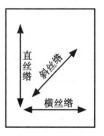

图1.5　直丝绺、横丝绺、斜丝绺之间的关系

5)服装结构制图的作用

服装结构制图是服装设计系统工程中不可缺少的中间环节,是服装生产工作的技术文件,是技术与生产部门的基础纸样、系列工业样板的标准样板。技术部门根据基础纸样制作出样衣,将样衣套在人体模型上进行全面的审视。生产部门根据实际的生产需求,按照该产品的规格系列和号型配置,制作出工业生产所需要的系列工业样板。因此,服装结构制图是服装工业化时代必须建立的企业标准,也是现代化企业高效率而准确地进行服装工业化生产的必要依据。

任务2　熟悉掌握服装结构制图符号与代号

1)服装制图符号

服装制图符号是传达设计意图,沟通设计、生产和管理部门之间的技术语言,是组织和指导生产的技术文件之一,其形式、名称和作用,如表1.1所示。

表1.1　服装制图符号

序　号	名　称	符　号	说　明
1	基础线	————————	表示图形的基础线
2	轮廓线	————————	表示图形的轮廓线
3	等分线	⌒⌒⌒	表示把某部位划分成若干相等的距离
4	点画线	—·—·—·—·	表示裁片连折不可剪开的部位

续表

序　号	名　称	符　号	说　明
5	双点画线	—··—·—·—·—·—·—··	表示裁片的折边部位
6	虚线	— — — — — — — — —	表示下层(背面)的轮廓线
7	距离线		表示裁片某部位两点(线)的距离
8	省道线		表示裁片需要收缝进去的形态和部位
9	裥位线		表示裁片需要折叠进去的部位
10	直角号		表示两条线相交成90°角
11	等长号	○ □ △	表示两个部位尺寸相同
12	重叠号		表示裁片中交叉重叠的部位
13	经向号	←———————→	表示服装裁片的经纱方向
14	顺向号	——————→	表示面料毛绒的顺向
15	斜向号		表示对应布料裁片的斜向呈45°角
16	拼接号		表示两个相关的裁片相拼接
17	眼位号		表示扣眼的位置
18	扣位号	+	表示钉扣的位置
19	归缩号		表示裁片需稍加紧缩的部位
20	拔开号		表示裁片需稍加拉宽的部位
21	缩缝号		表示裁片需收缩处理

续表

序 号	名 称	符 号	说 明
22	省略号		表示省略某长度的标记
23	剪叠号		表示需要剪开和折叠的部位
24	等距号		表示相关两个部位的长度相等
25	明线号		表示部位表面辑明线的标记
26	罗纹号		表示服装在下摆、袖口等处装罗纹

2) 服装制图文字与代号

在制图中为了书写方便,将其某部位的名称用英文单词的首位字母表示,如表 1.2 服装制图文字与代号所示。

表 1.2 服装制图文字与代号

序 号	代 号	英 文	部 位
1	B	Bust	胸 围
2	W	Waist	腰 围
3	H	Hip	臀 围
4	BL	Bust Line	胸围线
5	WL	Waist Line	腰围线
6	HL	Hip Line	臀围线
7	EL	Elbow Line	肘围线
8	KL	Knee Line	膝围线
9	BP	Bust Point	乳 点
10	N	Neck	领 围
11	FN	Front Neckline	前领围
12	BN	Back Neck	后领围
13	P	Pants Length	裤 长
14	D	Dress Length	衣 长
15	L	Length	身 高
16	S	Shoulder Width	肩 宽
17	SL	Sleeve Length	袖 长
18	SP	Shoulder Point	肩端点
19	SNP	Side Neck Point	肩领点
20	FNP	Front Neck Point	前领点

续表

序　号	代　号	英　　文	部　位
21	BNP	Back Neck Point	后领点
22	AH	Arm Hole	袖窿弧线
23	HS	Head Size	头　围

任务3　掌握服装结构制图步骤与长度计量单位

服装结构制图时,可根据实际需要画1:1比例、1:2比例、1:5比例等多种形式的图纸。在结构制图中是由直线、横线、斜线、折线和弧线组成的,必须熟练地绘制出这些线条。在进行结构设计制图时,首先要分析款式设计效果图,然后依据人体体型特征及身体各个部位的凹凸、规格尺寸、面料特性来设计结构。

1)服装结构制图的步骤

服装结构制图步骤一般有以下3个方面:

(1)先画主部件后画零部件

主部件:包括上衣的前衣片(前里布)、后衣片(后里布)、大袖片、小袖片;下装的前裤片、后裤片、前裙片、后裙片等。

零部件:包括上衣的领子(领正面、领里面)、袖子(袖正面、袖里面)、口袋(口袋布、袋盖面、袋盖里、垫布、嵌条)、肩衬、装饰部件;下装的裤腰(正面、里面)、裤腰袢、门襟、里襟等。

(2)先画面板图后画里板、衬板图、工艺板

面板和里板,它们的缝份一般为1 cm。主要部位,如衣片的底边、袖口边一般为4 cm,门襟宽为6~7 cm。然后在画出里板和衬板。

工艺板是用于服装的缝制工艺中的样板,在行业中被称为小样板,也称为净样板。如前衣片的撇胸、领子和驳口、门襟扣子的定位以及各衣片的装饰部位(绣花)的样板等。

(3)先画净样板后画毛样板

净样是表示服装款式成型后的成衣尺寸,它不包括缝制的缝份和衣服折边的缝份。

毛样是表示服装款式成型前的成衣衣片的尺寸,它包括缝制的缝份和衣服折边的缝份。

2)服装结构制图的长度计算单位

(1)长度计算单位的种类

公制,是国际通用的计量单位。服装上以公制为计量单位的如米(m)、厘米(cm)、毫米(mm)等,一般是以厘米为最常用。本书采用的长度计量单位为公制单位,公制单位也是我国法定的计量单位,它与国际通用。

市制,是我国以前生活中习惯常用的计量单位。目前使用的较少。

英制,是美国、英国、欧洲等英语国家中使用的计量单位。也是我国对外生产和加工服装成衣规格使用的计量单位。服装上使用的英制单位以英寸为最多,还有英尺和码。

(2)公制、市制、英制的换算

公制、市制、英制的换算,如表1.3所示。

表1.3 公制、市制、英制的换算表

	换算公式	计算对照
公制	换市制:厘米×3 换英制:厘米÷2.54	1 米 =3 尺 ≈39.37 英寸 1 分米 =3 寸 ≈3.93 英寸 1 厘米 =3 分 ≈0.39 英寸
市制	换公制:寸÷3 换英制:寸÷0.762	1 尺 ≈3.33 分米 ≈13.12 英寸 1 寸 ≈3.33 厘米 ≈1.31 英寸 1 分 ≈3.33 毫米
英制	换公制:英寸×2.54 换市制:英寸×0.762	1 码 ≈91.44 厘米 ≈27.43 寸 1 英尺 ≈30.48 厘米 ≈9.14 寸 1 英寸 ≈2.54 厘米 ≈0.76 寸

任务4 熟悉掌握服装材料的用料计算与配置

服装材料的用料计算与配置的多少,主要取决于服装款式、尺寸、面料的门幅这三个因素。

1)常规服装的用料计算

①上装用料计算参考,如表1.4 所示。

表1.4 上装的算料 单位:cm

服装款式		胸 围	用料计算公式 (90 的门幅)	用料计算公式 (144 的门幅)
男装	短袖衬衫	110	2 衣长 + 袖长	该门幅不常用
	长袖衬衫	110	2 衣长 + 袖长	该门幅不常用
	两用衫、中山装、西服	110	2 衣长 + 袖长 +20	衣长 + 袖长 +10
	短大衣	120	该门幅不常用	衣长 + 袖长 +30
	长大衣	120	该门幅不常用	2 衣长 +6
女装	短袖衬衫	103	2 衣长 +10	该门幅不常用
	长袖衬衫	103	衣长 +2 袖长	该门幅不常用
	两用衫	106	2 衣长 + 袖长 +6	衣长 + 袖长 +3
	西 服	100	2 衣长 + 袖长	衣长 + 袖长 +6
	短大衣	110	该门幅不常用	衣长 + 袖长 +12
	长大衣	110	该门幅不常用	衣长 + 袖长 +60
	连衣裙	100	3 衣裙长(一般式样)	该门幅不常用

注:(1)男短大衣,胸围每大 3 cm,用料增加 10 cm;女短大衣,胸围每大 3 cm,用料增加 6 cm;其他款式,胸围每大 3 cm,
用料增加 3 cm。
(2)倒顺毛用料每件另加 5 cm;格子加一格半。

②下装用料计算参考,如表1.5所示。

表1.5 下装的算料 单位:cm

服装款式		用料计算公式(90 的门幅)	用料计算公式(144 的门幅)
男裤	长裤	2(裤长 +6)(臀围每大 3 cm,用料增加 6 cm)	裤长 +6(臀围每大 3 cm,用料增加 3 cm)
	短裤	2(裤长 +8)(臀围每大 3 cm,用料增加 6 cm)	裤长 +12(臀围每大 3 cm,用料增加 6 cm)
女裤	长裤	2(裤长 +5)(臀围每大 3 cm,用料增加 6 cm)	裤长 +5(臀围每大 3 cm,用料增加 3 cm)
	短裤	2(裤长 +6)(臀围每大 3 cm,用料增加 6 cm)	裤长 +10(臀围每大 3 cm,用料增加 6 cm)

2)不同门幅换算方法

不同门幅换算方法,如表1.6所示。

表1.6 不同门幅换算 单位:cm

原门幅 \ 换算率 \ 改用门幅	90	114	备 注
90	1	0.80	按不同门幅用料面积相等的原理,可进行不同门幅的换算,换算方法,可按以下公式计算:原用料数×原用料门幅÷改用料门幅＝改用料数
114	1.27	1	

任务5 熟悉掌握服装排料配置的原则

1)避免用料的色差

色差是指同一块原料的颜色出现程度不同的差异。辨别色差的方法:选择光线充足的场所,分别将面料的两边、两头、中段合并在一起目测。

色差划分为5个等级:一级色差最严重,不能作为服装面料;二级色差指在同一块面料上有严重的、明显的颜色差别,基本上不能用作服装面料;三级色差指在同一块面料上有明显的颜色差别;四级色差指要仔细看才能发现颜色有差别;五级色差指几乎看不出有颜色差别。

避免色差的方法:在了解色差等级的基础上,尽最大可能做到邻近排料,即同一规格的主要部件靠近在一起排料;服装主要部位可选用五级色差的原料,服装上相对次要的部位,如下摆后身等部位可选用四级色差的原料;服装上的次要部位,如小档、小袖片等部位可选用三级色差的原料;特殊情况下,领夹里等部位可选用二级色差的原料。

2)避免用料的疵点

疵点指原料纺织过程中出现跳线、断纱、粗纱、染色点、铁锈等现象。排料时必须尽最大可能调整。

3)对用料的丝缕要求

排料时对丝咎一般有两种要求,即丝咎垂直排料(指样板垂直于原料的纬纱相互垂直)和借丝咎排料(指样板的垂直可以偏斜于原料的经纱0.1~0.6 cm)排料。但素色高档原料和条格面料不可以偏斜。

4) 排料的一般方法

先主后次,先外后里,先大后小,大小相套,凹凸平衡,化整为零,调剂平衡;合理套排;合理拼接。

项目4 服装号型系列标准

任务1 掌握服装号型与体型分类

1) 服装号型

服装号型定义是根据正常人体型规律和使用需要的最具有代表性部位经过合理归类设置而成的。服装号型标准是国家对服装产品规格所作的统一技术规定,是对各类服装进行规格设计的基础。

①以人体主要部位的净尺寸作为设计服装号型的基础。

②人体主要部位的尺寸确定。

③人体尺寸以厘米为计算单位。

2) 体型分类

在国家颁布的服装号型标准中,"号"指人体的身高,以厘米(cm)为单位表示,是设计和选购服装长度的依据;"型"指人体的胸围或腰围,以厘米(cm)为单位表示,是设计和选购服装围度的依据。

根据我国人体体型,国家标准对男子、女子按胸腰落差,也就是净胸围和净腰围尺寸之间差的数据值,划分为Y,A,B,C 4 种体型,其中 A 型为正常体型;B 型为较胖体型;C 型为胖体型,而腰围较粗;Y 型则为瘦体型。

如表1.7 所示为男子体型分类的代号及范围。

表1.7 男子体型分类代号及范围　　　　　单位:cm

体型分类代号	Y	A	B	C
胸围与腰围之差	22~17	16~12	11~7	6~2

如表1.8 所示为女子体型分类的代号及范围。

表1.8 女子体型分类代号及范围　　　　　单位:cm

体型分类代号	Y	A	B	C
胸围与腰围之差	24~19	18~14	13~9	8~4

任务2　掌握号型标志与号型系列的组成

1)号型标志

服装产品的号型标志表示的方法是〔"号"/"型"、体型分类代号〕。如男上衣号型170/88 A,表示本服装适合于身高为168～173 cm,净胸围为86～89 cm的人穿着,"A"表示胸围与腰围的差数在16～12 cm的体型,而下装170/76 A型,适用于腰围75～77 cm的人穿着。其他号型依此类推。

2)号型系列的组成

号型系列的组成是将服装的号和型进行有规律的分档排列。在服装标准中规定身高以5 cm分档,胸围以4 cm分档和3 cm分档;腰围以4 cm、3 cm、2 cm分档,组成了5.4系列、5.3系列、5.2系列。上装采用5.4系列、5.3系列,下装采用5.2系列,其中5表示身高每档之间的差数是5 cm,4表示胸围每档之间的差数是4 cm;2表示腰围每档之间的差数是2 cm。

如表1.9所示为男子与女子号型系列中间标准体。

表1.9　男子与女子号型系列中间标准体　　　　　　单位:cm

体　型		Y	A	B	C
男子	身高	170	170	170	170
	胸围	88	88	92	96
	腰围	72	76	84	92
女子	身高	160	160	160	160
	胸围	84	84	88	88
	腰围	64	68	78	82

3)服装号型标准的控制部位数值

服装控制部位数值是指服装造型影响较大的人体几个主要部位的净体尺寸数值,它是服装设计的依据。如上衣的主要控制部位衣长、胸围、肩宽、颈围、袖长;下装的主要控制部位裤长、裙长、腰围、臀围等,这些主要控制部位的数值再加上不同服装的放松量就是服装成品的规格。如表1.10所示为男子5.4/5.2 A系列的主要控制部位数值。

表1.10　男子5.4/5.2 A系列的主要控制部位数值　　　　　　单位:cm

部　位	数　值						
身高	155	160	165	170	175	180	185
颈椎点高	133.0	137.0	141.0	145.0	149.0	153.0	157.0
坐姿颈椎点高	60.5	62.5	64.5	66.5	68.5	70.5	72.5

续表

部 位	数 值							
全臂长	51.0	52.5	54.0	55.5	57.0	58.5	60.0	
腰节高	93.5	96.5	99.5	102.5	105.5	108.5	111.5	
胸围	72	76	80	84	88	92	96	100
颈围	32.8	33.8	34.8	35.8	36.8	37.8	38.8	39.8
总肩宽	38.8	40.0	41.2	42.4	43.6	44.8	46.0	47.2

部 位	数 值														
腰围	56.0	58.0	60.0	62.0	64.0	68.0	70.0	72.0	74.0	76.0	78.0	80.0	82.0	84.0	86.0	88.0
臀围	75.6	77.2	78.8	80.4	82.0	83.6	85.2	86.8	88.4	90.0	91.6	93.2	94.8	96.4	98.0	99.6

如表 1.11 所示为女子 5.4/5.2 A 系列的主要控制部位数值。

表 1.11　女子 5.4/5.2 A 系列的主要控制部位数值　　　　　　单位:cm

部 位	数 值						
身高	145	150	155	160	165	170	175
颈椎点高	124.0	128.0	132.0	136.0	140.0	144.0	148.0
坐姿颈椎点高	56.5	58.5	60.5	62.5	64.5	66.5	68.5
全臂长	46.0	47.5	49.0	50.5	52.0	53.5	55.0
腰节高	89.0	92.0	95.0	98.0	101.0	104.0	107.0
胸围	72	76	80	84	88	92	96
颈围	31.2	32.0	32.8	33.6	34.4	35.2	36.0
总肩宽	36.4	37.4	38.4	39.4	40.4	41.4	42.4

部 位	数 值													
腰围	54.0	56.0	58.0	60.0	62.0	64.0	66.0	68.0	70.0	72.0	74.0	76.0	78.0	80.0
臀围	77.4	79.2	81.0	82.8	84.6	86.4	88.2	90.0	91.8	93.6	95.4	97.2	99.0	100.8

任务3　熟悉掌握服装号型的应用

在结构设计之前,首先要确定所选择的号型与体型(中间标准体),因为它们的数值都是以"号"与"型"为基础的,其次根据服装号型系列中的主要控制部位数值表,来确定服装规格的大小尺寸。号型表示方法上衣 170/84A,下装 160/68A。

①成年男子中间标准体为,总体身高 88 cm、腰围 76 cm,体型分类在"A"型。号型表示方法上衣 170/88A,下装 170/76A。

②成年女子中间标准体为,总体身高 160 cm、胸围 84 cm、腰围 68 cm,体型分类在"A"型。

服装号型标准中的规定数值是人体主要控制部位的净体尺寸,因此,在实际应用服装产品规格的过程中,必须以服装号型作为依据,在结合具体的穿着要求和款式的特点,确定相应的服装规格。

任务4 熟悉掌握成品服装的放松量

服装的放松量是为了满足人体的需要而在人体净围尺寸的基础上进行加放的松量,它是成品服装与人体之间产生空隙而加放的尺寸。其主要的作用表现在:第一是满足人体活动及舒适度的需要;第二是为了各类服装款式造型的需要;第三是穿衣层数的需要。一般服装款式的放松量可分为紧身型、合体型、较宽松型、宽松型,而它们在实际的应用中是根据服装号型为基础的,并按照胸围、腰围、臀围的尺寸进行放松量加放的。如表1.12表示服装款式造型上衣结构设计的放松量。

表1.12 服装款式造型上衣结构设计放松量参考表　　　　　　单位:cm

季 节	服装造型	放松量				
		胸 围	肩 宽	腰 围	臀 围	领 围
夏季	适体	8	0	8～10	4～5	1～2
	半适体	9～12	0～1	10～12	5～6	1～3
	宽松式	13～19	1～5	0	0	1～6
春秋季	适体	9	0～1.5	9～11	6～7	1～3
	半适体	10～14	1～2	11～13	7～8	1～4
	宽松式	15～22	1～5	0	0	1～6
冬季	适体	10	1.5～2	10～12	8～9	1～3
	半适体	11～16	2～3	12～14	9～10	1～4
	宽松式	17～25	2～3	0	0	1～6
备 注	在具体的尺寸放松量时,还应考虑我国南方与北方服装放松量是有所不同的。					

项目5 服装结构设计的表达技法

服装结构设计表达的技法一般分为三大类,一类是平面结构设计法,它包括原型法、基型法、比例分配法;一类是立体结构设计法,也称为立体裁剪;以及平面与立体相结合法。

任务 1　熟练掌握平面结构设计法

平面结构设计法是依据人体体型的特征,按照人体的主要控制部位和测量的尺寸,将造型设计的款式图转化成平面图纸,再运用一定的计算方法和制图原理画出其平面分解纸样来的一种技法。它既是造型设计的基础,又是造型设计的继续。

1) 原型法

原型法是根据人体标准尺寸的控制部位的净体尺寸为依据来制作原型板,再结合服装款式的要求对原型板的各主要部位进行调整和加放尺寸,并通过组合、分割线、省道、褶裥等形式的技术处理,做出不同款式造型的平面结构图。

原型法是 20 世纪 80 年代由日本传入中国的,对我国服装教育教学的基础理论起到了积极的推动作用。日本的服装原型法也有各自不同的类型,主要有文化式原型、登丽美式原型、妇女式原型等,其中文化式的原型影响最大。原型法的特点是以人为本,公式计算较科学,数据稳定准确度高,造型合理符合人体结构,适应各种类型服装款式的变化与运用,具有广泛的通用性。但是原型应用起来也是比较难掌握的,只有进行反复地实践,并不断地总结,才能达到最终的目的。

2) 基型法

基型法是以人体标准尺寸的控制部位的净体尺寸为主,在此基础上加放了服装的放松量为依据来制作基型板的。基型法的特点是运用方便、快捷,适用于各种类型的服装款式变化,因此,被企业广泛采用。

基型法和原型法都是属于平面结构制图的范畴,都是运用纸样进行剪开、折叠、展开、转移等方法。它们区别在于,基型法的规格尺寸是以某一特定类型服装的基本成品尺寸为准的。而原型法制图法的规格尺寸是在人体的净体尺寸基础上加上最基本的放松量。

3) 比例分配法

比例分配法是将人体测量后,所取得的各个控制部位的尺寸,再按某一基本尺寸(如胸围、臀围等)的一定比例上调整数确定的各个部位尺寸进行结构制图。比例分配法的制图是运用数学中比例关系来完成平面结构制图的,其最大的特点是操作方便,计算公式易于掌握,可以直接在图纸上或在布料上进行画图,裁剪过程一般能够一步到位。但是比例分配法需要记住的公式和比例数据较多,因此,在实例的制图过程中要熟悉掌握制图的技法,才能根据不同的服装款式进行变化与运用。

任务 2　熟练掌握立体结构设计法

立体结构设计法也称为立体裁剪,是指以人体或人体模特为基础进行的服装造型手法。也就是将面料覆合在人体和人体模型上,根据服装款式的具体要求及面料的性能,通过面料的折叠、收省、堆积、转移等表现方法形成款式的服装主体形态,在进行裁剪制作时,要求操作者有较高的审美能力,能用艺术的眼光,根据服装款式的要求与变化,加以修改与调整。服装立体裁剪能直接观察人体体型与服装构成的关系,能够把在平面裁剪中难以表示的服装折线、褶皱、堆积、转移和多种衣纹的线条处理,在立体裁剪中很好地表现出来,它不仅能够有效地体现出人体的形态美和服装的韵味,而且还反映出设计者的艺术风格。

任务3 掌握平面与立体两种方法的关系

在服装结构设计中,无论是平面结构、立体结构设计法,还是服装平面与立体相结合法,都是以人体为研究依据进行生产发展起来的,它们之间有着各自不同的优点与缺点,应在实际的操作中,相互进行取长补短。平面构成法一般比较侧重比例关系,其作用是将人体立体形态分解、展开成若干不同形状的衣片裁剪;而立体构成法一般侧重服装整体造型效果,其作用是创造性地将服装外部轮廓形态与内部结构的立体形态完美的结合。平面与立体两种方法相互结合,这种方法在很大程度上类似于雕塑,设计师自始至终都要以三度空间的思维方式来进行设计,因而能提高服装造型的严谨性。

1)结构造型构成原理

①"平面"与"立体"的相互转化是体现在"相对于联系"上的,服装衣片的平面形状是与服装成品尺寸来决定服装成型后的立体形态。

②服装的造型是由轮廓线和结构线所构成的,其中轮廓线为根本,它是服装造型之基础。轮廓线必须适应人的体形,而如何处理好外部轮廓线、内部结构线的表现形式与其对应的人体之间的关系,是我们研究的主要内容。如图1.6所示。

设计手法:　　　　　　　"黑"和"白","平面"与"立体"的相互转化体现"相对于联系"

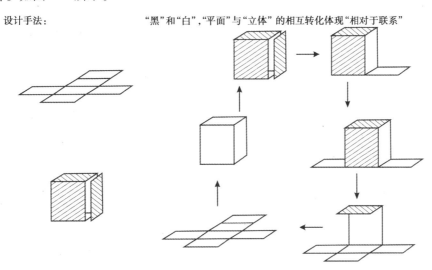

图1.6　平面与立体构成原理

2)服装结构的造型表现

①从平面的角度看,在结构制图时根据人体的部位特征和实际穿着的尺寸,在平面上应将结构线以外的多余布料剪掉,使服装与人体形态相符合。

②从立体的角度说,服装它是以人体为基准的空间造型,因此必须要随着人体四肢、肩部、胸部、腰部、臀部的宽窄、长短等变化而变化,即受人体基本形的制约。

项目6 服装效果图的审视与结构分析

现代服装整体结构设计是一个内涵丰富的系统工程,它要求构成服装的各个元素,各个部件、各个部位都以最佳方式进行组合,从而构成实用性强,效果图它包括对款式线条造型、材料质地和色彩、加工工艺等外观形态的描绘和表达。根据服装效果图的表现形式,可将其分成具实型效果图、艺术型效果图两大类。

任务1 熟悉掌握服装效果图的审视

审视效果图是服装整体结构设计的第一步,是对服装效果图的表象进行系统分析、理解设计作品的内涵,将具有立体感特性的效果图转化成平面结构图的重要设计过程。效果图的审视,主要是对效果图所显示的服装款式廓型类别、功能属性款式规格、款式的结构、部位的组合、工艺处理形式等问题加以分析和理解。

(1)外部轮廓造型的分析

服装廓型有 H 型、A 型、V 型、O 型、T 型、X 型六大类。服装的外部轮廓造型,又称造型线,英语 silhouette,意思是侧影、廓型,也可以说是服装被抽象化了的整体外形。服装的造型是由廓型线、零部件线、装饰线以及结构线所构成,其中以廓型线为根本,它是服装造型之基础。分析效果图中的款式造型,首先要认识服装的廓型类别。

(2)功能属性款式规格的分析

功能属性款式规格是指服装本身所具有的功能和作用,也是服装效果图的表象直接反映的内容。

(3)服装类别

礼服、职业装、休闲装、运动装、外衣、内衣、单衣、夹衣等。

(4)服装穿着对象

民族、性别、年龄、职业、阶层、体型、脸型、肤色等。

任务2 熟悉款式图构成的分析

首先,根据款式整体造型中的衣身、衣领、衣袖等主要部件的结构特征及相互组合形式;第二,根据款式造型多用公主线、直开线、腋下省等手法缩腰身曲线等,分析它们之间的结构关系,服装整体外形追求简洁大方、线条流畅、造型别致。

1)女式外套大衣款式图

本款外部廓型为 X 型。所表现的服装款式特征是上下两端宽松,中间腰部收紧较为贴身。它所展示的穿着效果是轻快、活泼、充满动感,最能反映女性体型的优美曲线。其衣领结构为人字形小翻驳领、衣身采用四开身结构,前后片衣身缩腰省道外露并辑明线;双排扣、侧边为斜插袋;下摆均向外展呈喇叭形状;衣袖结构为半插肩型,袖口装饰扣祥。服装款式风格及其结构准确,比例合理,细节表达清楚,款式图也能反映服装的工艺特点,能够满足服装艺术设计的美感要求和款式本身的功能性特征。如图1.7所示。

图1.7　女式外套大衣款式图

2)款式图构成的分析

根据服装款式图构成与人体的长度比例关系,确定服装的长度规格;根据款式各部位之间的比例关系,确定款式各部位的细部尺寸;根据款式与人体的贴体度判断其空隙量,确定服装款式放松量及号型系列规格。

任务3　熟悉服装内部结构设计的分析

在内部结构设计中,从点、线、面的运用的表现形式来看,它们不但具有一般构成要素的装饰作用,还具有实用功能即具备服装立体造型所需要的结构性。相关结构线的吻合,例如:衣身分割线的设计与省道的关系、衣领与领口圈的结构线、袖山与袖窿的结构线、口袋的大小、位置的设计必须考虑穿着者使用方便,是否符合功能的需要。只有把这些功能要求与视觉效果协调一致,才能达到既有功能效果又有形式美感。

1)相关结构线的吻合——衣身分割线设计与省道结构线的关系

分割线与省道的关系本质完全相同,它是省道的深化与延伸。分割线的形式主要有:横向分割、竖向分割、斜向分割、曲向分割和弧分割等。分割线的设计在实际应用中,可以根据设计者的构思,结合人体特征与款式特点,选择具体形状大小,位置与数量等。一般来讲,分割线的数量越多,服装的合体程度就越高。如增加上衣的分割线来塑造胸凸、臀凸、腰部凹陷来表现女性胸、腰、臀的曲线,既美观又具有功能性。但是,过多的分割线容易造成杂乱,破坏整体效果应该慎重使用。如图1.8所示。

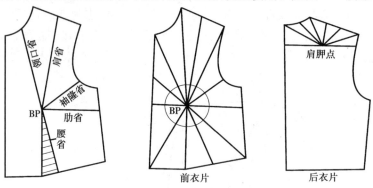

图1.8 衣身分割线设计与省道结构线的关系

2) 相关结构线的吻合——衣领与领口圈的结构线

在衣领结构设计中,衣领的领下口圈线与领口圈线是相关结构线。相关结构线的吻合属数量吻合范围。在衣领结构设计配制时,根据面料的薄厚不同,领下口圈线应较前后衣身领口圈线短1 cm,装领时在领口圈的斜纱处做吃缩缝合。这样设计可使衣身领口圈处平服,衣领造型更符合人体舒适性。如图1.9所示。

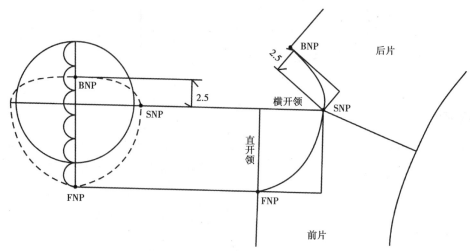

图1.9 衣领与领口圈的结构线的关系

3) 相关结构线的吻合——袖山弧线与衣袖窿弧线的结构线

袖山弧线与衣袖窿弧线是相关结构线,两者在数量上的吻合关系更是决定服装成品袖山圆顺丰满造型的关键因素。正常情况下,袖山弧线的长度大于衣袖窿弧线的长度两者的差量作为袖山造型所需要的吃量。在结构设计中,例如:前袖山斜线长为前AH,后袖山斜线AH+1 cm,这样袖山弧线与衣袖窿弧线前后的长度是相吻合的。因此,当同一袖窿深来说,袖山斜线的长度是相对不会变化的,只是倾斜的角度发生变化。倾斜角越小,袖窿深线就越深,反之亦然,它会直接影响服装外形的效果。如图1.10所示。再则,袖山弧线形态对装袖位置具有影响。袖山弧线形态是以袖窿线形态为依据的,而袖窿弧线形态是以袖子臂根线线形态为依据的,由于臂根线和上肢向前活动的需要,客观上袖山弧度线前面一般为2~2.5 cm,后为1.9~2.0 cm。这样整个的袖子造型更加圆顺。如图1.11所示。

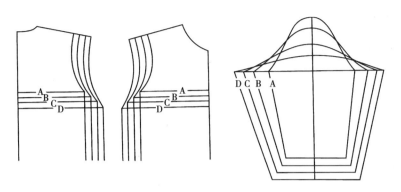

图 1.10　袖山弧线与衣袖窿弧线的结构线的关系

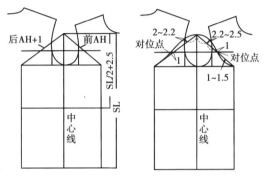

图 1.11　袖山弧线形态对装袖位置的影响

任务 4　熟悉服装款式工艺处理形式的分析

　　在服装效果图审视与款式结构分析以及结构线的造型表现中,对工艺处理形式的分析主要是指裁剪时各部位缝份、贴边的处理及所采用的缝制工艺手段等。例如:剪辑线又称为裁剪线,是经过制图,加放缝口或止口、定位记号和明线的部位按明线的宽度的工艺要求,都要根据不同款式的特征类别、功能要求,准确判断各部位采用哪种工艺形式来完成服装的缝制工艺。

　　服装款式工艺处理的分析,它与服装的结构制图分不开的,如裤子门襟和斜袋垫布及袋布制图、缝边处理与制图、组合形态与制图、熨烫工艺与制图等,这些都会对服装成衣的构成产生影响。如图1.12 表示裤子门襟和斜袋垫布及袋布制图与工艺加放之间的关系。

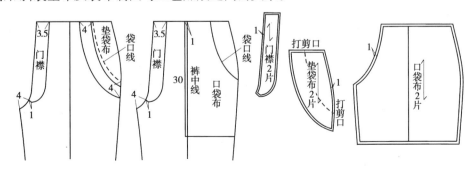

图 1.12　裤子门襟和斜袋垫布及袋布制图与工艺加放缝份

　　总而言之,在审视服装效果图和结构设计的关系中,首先观察整体的外形轮廓,再分析其款式的衣身、衣领、衣袖等主要部件及相关部位之间的组合形式。应该注意体现比例、均衡等美学原理和实用功能相吻合。在实际的运用中,点、线、面的综合运用,应有所侧重,或以面为主,或以线为主,或把点突出。只有单一要素的变化没有其他要素的呼应,不可能有真正丰富的效果;只有要素的一致而无其他要素的协调,也不可能真正的统一。因此,科学准确地审视服装效果图和对不同风格的款式结构进行分析,在整体的统一中求得各要素的变化,在各要素的变化中求得整体的统一,是服装结构设计人员必须具备的专业技术素质。

 思考与实训题

1.什么是设计? 什么是结构设计? 怎样做好结构设计工作?

2.人体与服装围度放松量的确定?

3.举例说明人体结构与服装造型之间的关系。

4.简述服装结构设计与服装制图的区别。

5.熟悉服装号型系列规格的应用。

6.在审视服装效果图时,应注意哪些事项?

7.在现实生活中怎样把握服装款式、材料、工艺与着装形态?

模块2
女装结构设计

■ ■ ■ ■ ■ ■

知识目标

　　了解女装构成因素的基本概念及其表现形式;了解女装的分类;掌握女装原型样板建立的条件、结构变化的规律以及运用。

技能目标

　　能够对下装裙子、裤子、裙裤,上装衣身、衣领、衣袖构成的基本要素进行分析,掌握下装、上装各部位结构线、省道线、褶裥线、公主线(分割线)、装饰线的变化原理及绘制方法的操作;树立对服装款式的外部形态与内部结构的整体观念,进行女装整体结构设计。

项目1 女下装结构设计原型样板的建立与实训

任务1 掌握裙装的原型结构与平面板型的建立

1) 裙装原型的结构线名称

裙装原型结构线的名称主要有:基础线(前中心线)、上平线(腰围线)、下平线(裙长线)、臀围线、下摆线、后中心线、前后侧缝线、前后腰省等。如图2.1所示。

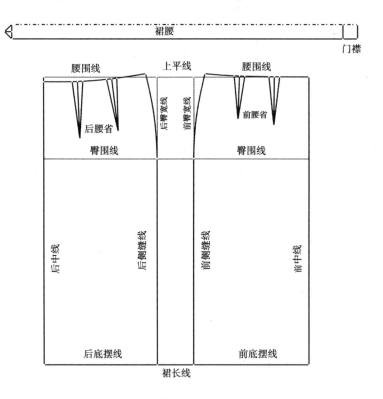

图 2.1　裙装原型的结构线名称

2) 裙装原型平面板型的建立

(1) 裙装原型制图规格

以 160/66A 号型为例,如表 2.1 所示。

表 2.1　号型 160/66A　　　　　　　　　　　　单位:cm

部　位	裙长 L	腰围 W	臀围 H	腰头宽 WU
规　格	60	68	94	3

（2）裙装原型制图要点

从框架到结构：

①作一条竖直线为前裙片中心的基础线。

②作上平线垂直于基础线。

③作下平线垂直于基础线。

④作臀围线，取 1/10 身高 +1 cm，并平行于上平线与下平线。

⑤作侧缝线，取 1/4 臀围（H），并平行于前裙片的中心线。

⑥作后片中心线，从前片侧缝经向外量取 1/4 臀围（H），并平行于裙片的中心线。

⑦作前、后侧缝线，在上平线取前、后臀宽与腰宽的差数作三等分，其中一等分作为腰口的撇势，剩余的二等分作为腰的省量。在上平线侧边向上抬高 0.7 cm。

⑧作后腰低落线 0.8～1 cm，由后片的上平线中心点向下量。

⑨作前、后腰省两省分别取臀腰差的 1/3 作为省量；将腰口线三等分定点，在各个等分点处作腰口的垂直线为省的中心线；前省长为 8～10 cm，后省长为 10～12 cm，最后将腰围线画顺。

⑩画顺前、后片裙装原型的外轮廓线。

具体如图 2.2 和图 2.3 所示。

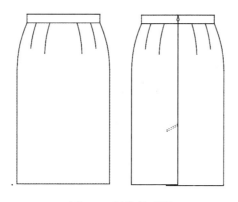

图 2.2 裙装款式图

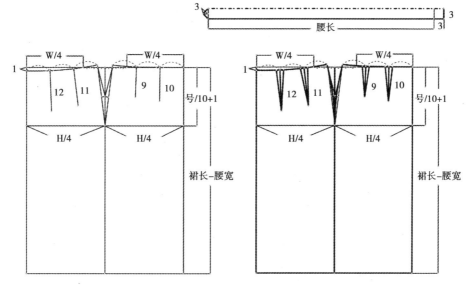

图 2.3 裙装原型平面板型的建立

任务2 掌握裤装的原型结构与平面板型的建立

1) 裤装原型的结构线名称

裤装原型结构线的名称主要有:基础线、上平线、下平线、上裆线(前后横裆线)、腰口线、臀围线、膝围线(中裆线)、脚口线、前后裆缝线、后窿门落裆线、前后中心线、前后窿门弧线、前后侧缝线、前后烫迹线、前后下裆缝线、前褶、后省等。如图2.4所示。

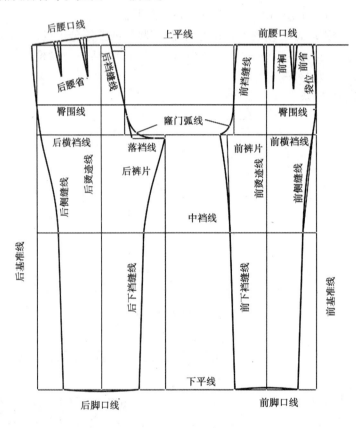

图2.4 裤装原型的结构线名称

2) 裤装原型平面板型的建立

(1)裤装原型制图规格

以160/66A号型为例,如表2.2所示。

表2.2 号型160/66A
单位:cm

部 位	裤长 L	腰围 W	臀围 H	脚口 CW	上裆	腰头宽 WU
规 格	96	68	94	23	29	4

(2)裤装原型制图要点

从框架到结构:

①作一条竖直线为前裤片侧缝的基础线。

②作上平线垂直于基础线。

③作下平线垂直于基础线。

④上裆线(横裆线)由上平线往下,量取上裆减腰宽。

⑤臀围线,取上裆长的 1/3 作横裆线的平行线。

⑥中裆线,从臀围线至下平线 1/2 +4 cm 向上作下平线的平行线。

⑦前裆直线在臀围线上,以前侧缝直线为起点,取 1/4 −1 cm,作平行于前侧缝线的直线。

⑧前裆宽线在横裆线上,以前裆直线为起点,取 0.4/10H cm,作前侧缝直线的平行线。

⑨前横裆大在横裆线与侧缝直线相交处劈进 1 cm 为定数。

⑩前中心线按前横裆大的 1/2 作一条直线。

⑪前腰围大按 W/4 −1 cm + 裥位。

⑫前中裆大以前裆宽线两等分,取中点与脚口线相连接。

⑬前脚口大按脚口大 −2 cm,以中心线为中点平分。

⑭画顺前侧缝弧线和前裆弧线。

⑮后裆直线在臀围线上,以前侧缝直线为起点,取 1/4 +1 cm,作平行与前侧缝直线。

⑯后裆缝斜线在后裆直线上,以臀围线为起点,取比值(15∶3.5)cm,作后裆缝斜线。

⑰后窿门在上裆线(横裆线)落下 1 cm 为定数,以后裆缝斜线为起点,取 H/10 画顺。

⑱后中心线按前横裆大的 1/2 作一条直线。

⑲后腰围大按 W/4 +1 cm + 省位。

⑳后中裆大按前中裆大 +2 cm 与脚口线相连接。

㉑后脚口大按脚口大 +2 cm,以中心线为中点平分。

㉒画顺后侧缝弧线和后裆斜线的弧线。

㉓画后省取后腰缝线三等分,省大分别为 2 cm,省长为 10 cm、11 cm。

㉔画顺前、后片裤装原型的外轮廓线。

㉕配件制图有袋布、垫布、里襟、腰里布等。

具体如图 2.5 和图 2.6 所示。

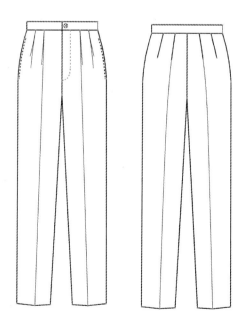

图 2.5　裤装款式图

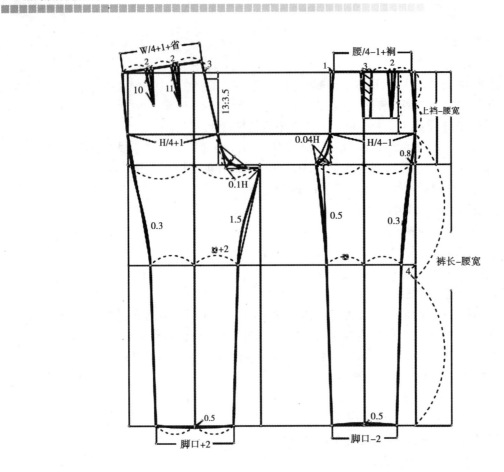

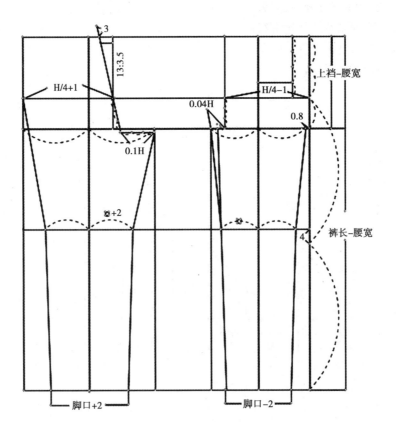

图2.6　裤装原型平面板型的建立

任务3　裙装类结构设计与纸样实训

唐代诗人王昌龄在《采莲曲》诗中这样写道:"荷叶罗裙一色裁,芙蓉向脸两边开,乱入池中看不见,闻歌始觉有人来。"描写江南采莲的女子身穿着绿罗裙融入到田里像荷叶一样,使服装与自然浑然一体的美好画面,充分说明了裙子在我国有着悠久的历史。由于裙子的造型相似于筒形,因此,我们可以在裙装的外形轮廓和内部结构上进行各种线条的分割切片、褶裥、镶嵌装饰等表现手法,使裙子的变化丰富多样。

1)裙装的分类

①按裙装的长度分类:超短裙、短裙、及膝裙、中裙、中长裙、长裙等。如图2.7所示。

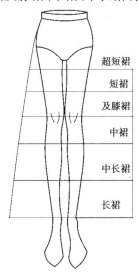

图2.7　裙装的长度分类

②按裙装外形轮廓分类:H型、A型、X型、O型、V型等。如图2.8所示。

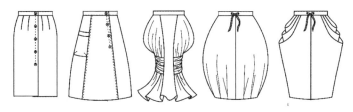

图2.8　裙装外形轮廓分类

③按裙装内部结构分类:以点、线、面相结合与省道、褶裥、分割线相结合所形成的裙子款式造型。如图2.9所示。

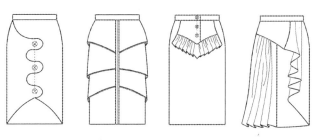

图2.9　裙装内部结构分类

33

2)裙装主要控制部位的分析

裙子的主要控制部位有:腰围、臀围、裙长、臀高位的设置等。

①裙腰围(W)净体一般加放量为 1~2 cm,其中腰围、臀围与裙装的形态有关。

②裙臀围(H)净体一般加放量为 4~5 cm,根据款式和面料厚薄而定。

③裙长和裙摆度:裙长和下摆可以根据款式和流行需要而定。

④裙装腰省和臀腰差形态的关系。由于人体臀围大于腰围,因此两者之间产生一个差数。这个差数落差大则腰省就大,落差小则腰省就小。腰臀之间各部位省道省量的设置与人体臀凸、腹凸的位置有关。一般前片省道的长度为 10~11 cm;后片省道的长度为 13~14 cm。如身高为 160 cm = 1/10 × 160(身高) cm + 1 cm = 17 cm 为臀高位。如图 2.10 所示。

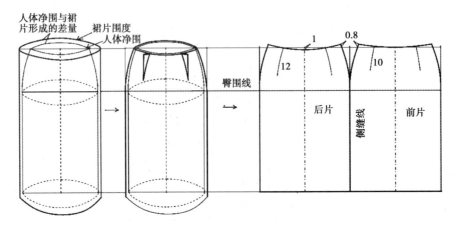

图 2.10　裙装腰省和臀差形态

⑤裙装腰与臀高位置切点的设置。裙装腰与臀高位置切点的设置,一般定在臀部最丰满的地方。如 H 裙、A 裙、斜裙的摆度的大小都与人体活动和款式造型有着直接的关系。如图 2.11 所示。

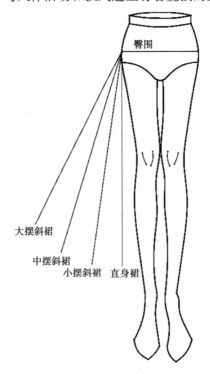

图 2.11　裙装腰与臀高位置切点的设置

3)裙装的结构设计

(1)基于 H 型裙款式的结构设计

①外形说明:造型为 H 型,连腰。前片设有两个省道, 左右贴袋,后片设有育克式折线,两侧开衩(图 2.12)。

②面料选择:仿真丝绸、仿麻丝、混纺织物等。

③规格设计:号型:165/64A,如表 2.3 所示。

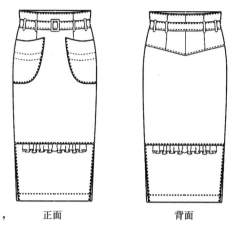

表 2.3　规格设计　　　　单位:cm

部　位	裙长 L	腰围 W	臀围 H
规　格	80	66	94
档　差	1.5	2	4

④制图要点:在女裙原型的基础上完成款式结构设计。

a.上平线:原型的前中线向上延长 4 cm。

b.省的设置:根据款式确定前后片左右各设 1 个 3 cm 的省,将余量从侧边撇去。

c.裙长:从上平线向下量取所需裙长 80 cm。

d.画顺前后裙片外轮廓线及内部结构线。

具体如图 2.13 所示。

图 2.12　H 型裙款式

正面　　　　背面

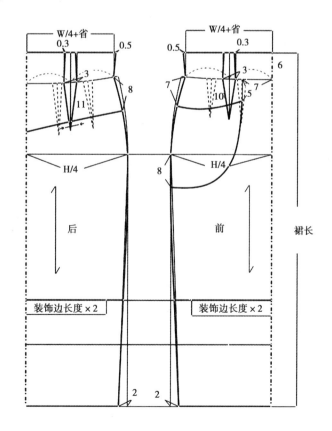

图 2.13　H 型裙款式结构图

（2）基于 A 型裙款式的结构设计

①外形说明：造型为 A 型，四开法，前片左右省道各一个，前门襟双排扣，钉扣 8 粒。后片设有分割线，两个装饰袋盖，装腰，辑双明线（图 2.14）。

正面　　　　背面

图 2.14　A 型裙款式

②面料选择：牛仔布、斜纹卡其、中厚型花呢等。

③规格设计：号型：165/64A，如表 2.4 所示。

表 2.4　规格设计　　　　　单位：cm

部　位	裙长 L	腰围 W	臀围 H	腰宽 WU
规格	45	66	94	4
档差	1.5	2	4	1

④制图要点：在女裙原型基础上完成款式结构设计。

a. 画裙原型。

b. 裙长：在裙原型上裁取裙长－腰宽 4 cm。

c. 根据 A 裙款式造型，下摆撇出 4 cm，连接下摆、臀宽至腰线。

d. 完成腰省、褶裥及口袋、分割线等设置。

具体如图 2.15 所示。

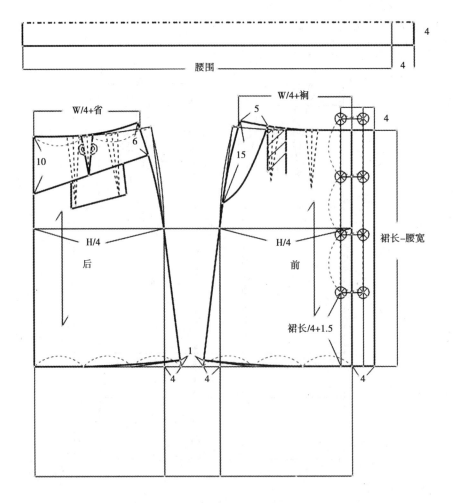

图 2.15　A 型裙款式结构图

（3）综合元素的裙装结构设计

①外形说明：造型为 T 型,装腰、蝴蝶结装饰,后片中心开拉链,前后片两部设两层褶皱装饰(图 2.16)。

正面　　　　背面

图 2.16　T 型裙款式

②面料选择:麻、丝、绸、混纺织物等。

③规格设计:号型:165/64A,如表 2.5 所示。

表 2.5　规格设计　　　　　　　　　　单位:cm

部　位	裙长 L	腰围 W	臀围 H	腰宽 WU
规格	70	66	94	4
档差	1.5	2	4	1

④制图要点:在女裙原型基础上完成款式结构设计。

a. 此款女裙造型与原型相似,直接运用原型的省量完成臀腰省的设计。

b. 裙长:延长原型裙至所需裙长。

c. 下摆略向内收,为了便于行动,应设开衩。

d. 臀腰装饰片可直接用长方形布料,如长为 L2×2.5 倍,宽为 12 cm。

具体如图 2.17 所示。

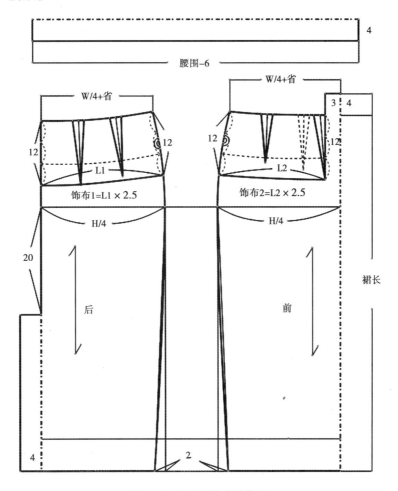

图 2.17　T 型裙款式结构图

任务4 裤装类结构设计与纸样实训

从人类穿裤子的历史来看,可以追溯到旧石器时代,在西班牙东部的崖壁画当中,就可以看到克罗马农人穿裤子的形象。裤子最早产生于游牧民族,在我们北部和西部的胡人、古代西方的波斯人、北欧的日耳曼人,他们都是最早穿裤子的民族。

1)裤装的分类

①按裤装的长度分类:超短裤、短裤、及膝裤、七分裤、长裤等(可参见裙装的长度分类图2.7所示)。

②按裤装外形轮廓分类:H型、A型、V型、O型等,如图2.18所示。

图2.18 裤装外形轮廓分类

③按裤装内部结构分类:点、线、面相结合与省道、褶裥、分割线相结合所形成的不同形态等。如图2.19所示。

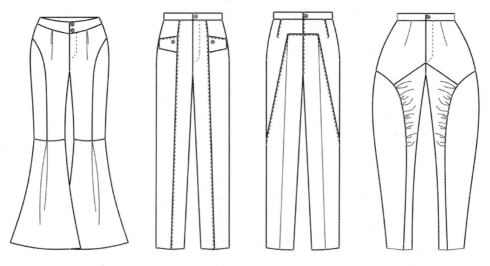

图2.19 裤装内部结构分类

2）裤子主要控制部位的分析

裤子的主要控制部位有裤长、腰围、臀围、上裆的前后裆弯、后翘和后裆斜线等。

①裤长（L）裤长和裤脚口，可根据款式和流行需要而定。

②裤腰围（W）净体一般加放量为 1~2 cm，则保持腰部的舒适性。

③裤臀围（H）净体一般加放量为 5~6 cm，根据款式和面料厚薄而定。

④上裆的前后裆弯。上裆的前后裆弯是由人体的臀部、腹部和上裆与下裆的分割线组成的。由于前腹部凸起不明显，所以前裆弯线相对比较平直；而后臀部凸起明显，所以后裆弯线弯度较深较大。

⑤后翘和后裆斜线。后翘是指在后腰节线上抬高的位置，是为了满足人体的蹲、坐等需要。后裆斜线的长度在腰节上，需要增加 2.5 cm 的后翘量。后裆斜线的倾斜度是由臀部与腰部的差数确定的，实际上也就是由臀部的凸起的程度所决定的。臀凸大，其斜度就大，臀凸小，其斜度也就小。如图 2.20 所示。

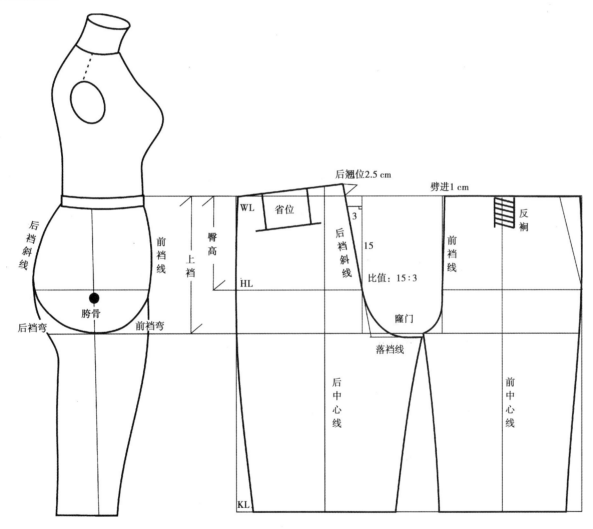

图 2.20　裤子主要控制部位的分析

3）裤子的结构设计

（1）基于 H 型裤装款式的结构设计

H 型长裤款式如图 2.21 所示。

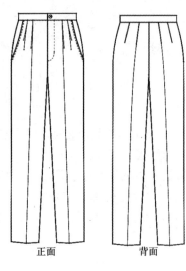

正面　　　　背面

图 2.21　H 型长裤款式

①外形说明:造型为 H 型,前片左右各设两个反褶。侧缝袋,前档装拉链,后片左右各设两个省,5 根裤绊,装腰。

②面料选择:纯毛、毛涤薄花呢、中厚型麻纱等。

③规格设计:号型:165/66A,如表 2.6 所示。

表 2.6　规格设计　　　　　　　　　单位:cm

部　位	裤长 L	腰围 W	臀围 H	上档	脚口 CW	腰宽 WU
规格	98	68	98	29	42	4
档差	3	2	4	1	1	1

④制图要点:在原型基础上完成款式结构设计。

a. 完成原型结构基础线:上平线、下平线(裤长减腰头宽)。

b. 分别作出腰围线、臀围线、上档线、膝围线、脚口线。

c. 分别作出前档缝直线、后档缝直线、前后中心线、后档缝斜线。

d. 画顺前侧缝弧线和前档弧线、画顺后侧缝弧线和后档弧线。

e. 最后画顺前、后裤片的外部轮廓线。

具体如图 2.22 所示。

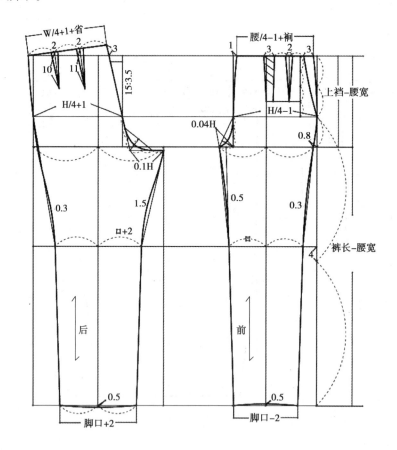

图 2.22　H 型长裤款式结构图

H 型短裤的造型设计如图 2.23 所示。

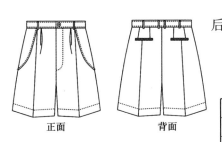

图 2.23 H 型短裤款式

①外形说明:造型为 H 型,前片有两个弧线插袋,前门襟装拉链,后片设两个双唇袋,6 根裤绊、装腰。

②面料选择:纯毛、毛圈呢、毛混纺的粗纺呢绒等。

③规格设计:号型:165/64A,如表 2.7 所示。

表 2.7 规格设计　　　　　　　　　　　单位:cm

部　位	裤长 L	腰围 W	臀围 H	上　裆	脚口 CW	腰宽 WU
规格	42	66	92	29	54	4
档差	1.5	2	4	1	1	1

④制图要点:在原型基础上完成款式结构设计。

a. 完成裤装原型结构基础(如图 2.22 所示)。

b. 裤长:在原型上截取裤长 42 cm – 腰宽 4 cm。

c. 后片直裆窿门线比前片直裆窿门线下 2.5 cm,且后片脚口线与下裆线交角成直角。

d. 前、后下裆内侧缝线长度相等。

e. 最后画顺前、后片外轮廓线。

具体如图 2.24 所示。

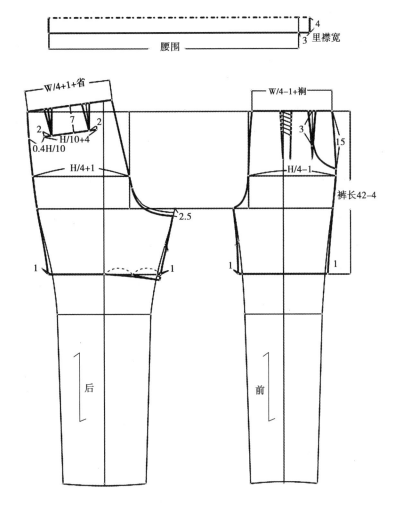

图 2.24 H 型短裤款式结构图

（2）基于 A 型裤装款式的结构设计

设计款式为七分裤，如图 2.25 所示。

正面　　　　　　背面

图 2.25　A 型七分裤款式

①外形说明：造型为 A 型，裤长为七分裤，前片设有两个斜袋。后片设有育克分割线及两个装饰袋盖钉扣，腰头串绳，前后片侧缝设有弧形分割线。

②面料选择：棉、毛、麻、混纺织物等。

③规格设计：号型：165/70A，如表 2.8 所示。

表 2.8　规格设计　　　　　　单位：cm

部位	裤长 L	腰围 W	臀围 H	上　档	腰宽 WU
规格	75	68	96	30	4
档差	2	2	4	1	1

④制图要点：在原型基础上完成款式结构设计。

a. 完成原型结构基础（如图 2.22 所示）。

b. 前片、后片侧边长度从腰节线垂直往下量至款式所需要的长度。

c. 前片、后片分割线、袋部的挖袋、贴带、脚口的大小，根据款式的需要设计。

d. 最后画顺前、后片外轮廓线。

具体如图 2.26 所示。

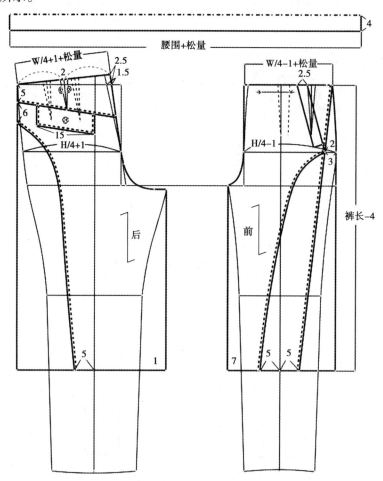

图 2.26　A 型七分裤款式结构图

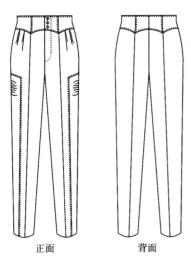

图 2.27　T 型长裤款式

（3）综合元素的裤装结构设计

T 型长裤结构设计如图 2.27 所示。

①外形说明：造型为 T 型，连腰式育克并设有褶裥 4 个，在前门襟处装拉链钉扣 3 粒，前片侧缝设有分割线和褶裥，后片腰部与前片相同，脚口较小。

②面料选择：斜纹卡其、法兰绒、中厚型花呢等。

③规格设计：号型：165/66A，如表 2.9 所示。

表 2.9　规格设计　　　　　单位：cm

部　位	裤长 L	腰围 W	臀围 H	上　裆	脚口 CW
规格	98	68	100	28	26
档差	2	2	4	1	1.5

④制图要点：在原型基础上完成款式结构设计。

a. 完成原型基础结构（如图 2.22 所示）。

b. 分别作出腰围线、臀围线、上裆线、膝围线、脚口线。

c. 分别作出前裆缝直线、后横裆大线、前中心线、后裆直线、后裆缝斜线。

d. 画顺前侧缝弧线和前裆弧线，画顺后侧缝弧线和后裆弧线。

e. 最后画顺前、后裤片的外部轮廓线。

具体如图 2.28 所示。

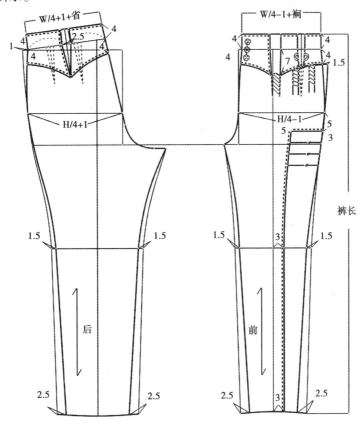

图 2.28　T 型长裤款式结构图

O 型长裤结构设计，如图 2.29 所示。

①外形说明：造型为 O 型，高腰节、连腰头，蝴蝶结作装饰，前腰省 2 个，后腰省 2 个。臀部呈 V 字形

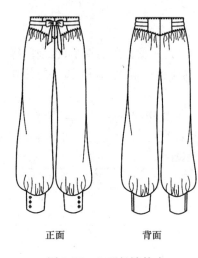

正面　　　　背面

图2.29　O型长裤款式

分割,前后臀围处均收适量的不规则碎褶。膝围线下呈宽松造型,脚口收缩褶皱,并以钉扣3粒开启。

②面料选择:针织、中厚型花呢等。

③规格设计:号型165/68A,如表2.10所示。

表2.10　规格设计　　　　　　　单位:cm

部　　位	裤长 L	腰围 W	臀围 H	脚口 CW
规格	102	70	100	26
裆差	2	2	4	1.5

④制图要点:在原型基础上完成款式结构设计。

a. 完成原型基础结构(如图2.22所示)。

b. 分别作出腰围线、臀围线、上裆线、膝围线、脚口线(裤长线)。

c. 分别作出前裆缝直线、后横裆大线、前中心线、后裆直线、后裆缝斜线。

d. 画顺前侧缝弧线和前裆弧线,画顺后侧缝弧线和后裆弧线。

e. 最后画顺前、后裤片的外部轮廓线。

具体如图2.30所示。

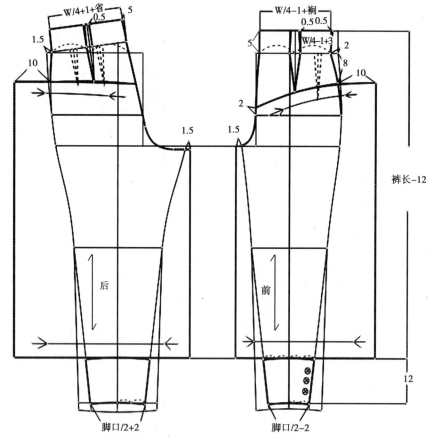

图2.30　O型长裤款式结构图

(4)女士工装裙裤的结构设计

①外形说明:造型为A型,分别为上胸衣和下装裤相连接结构的综合设计。上胸衣的前片为胸兜式结构、后片设有两条背带式结构、腰部较为合体,裤长、裤口的宽窄可根据款式造型和流行而定(如图2.31)。

图 2.31　女士工装裤款式

②面料选择:棉织品类、毛混纺类、化纤类面料等。

③规格设计:号型 165/68A,如表 2.11 所示。

表 2.11　规格设计　　　　　　　　　　单位:cm

部位	裤长 L	上兜 L	腰围 W	臀围 H	脚口 CW
规格	98	24.5	72	102	36
档差	2	1.5	2	6	1.5

④制图要点:在原型基础上完成款式结构设计。

a. 完成原型基础结构(如图 2.22 所示)。

b. 分别作出腰围线、臀围线、上裆线、膝围线、脚口线。

c. 分别作出前裆缝直线、后横裆大线、前中心线、后裆直线、后裆缝斜线。

d. 画顺前侧缝弧线和前裆弧线、画顺后侧缝弧线和后裆弧线。

e. 画出上兜长与宽的尺寸及后背带的长度。

f. 最后画顺前、后裤片的外部轮廓线。

具体如图 2.32 所示。

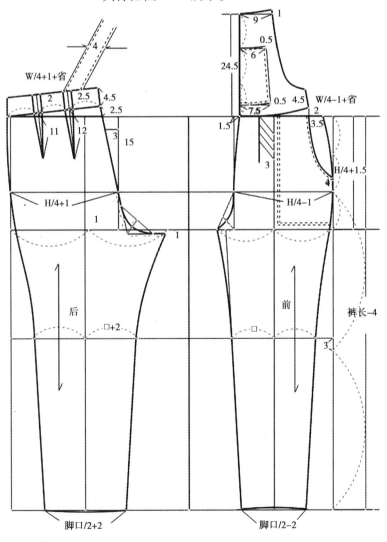

图 2.32　女士工装裤款式结构图

45

项目2 女上装结构设计原型样板的建立与实训

任务1 掌握女衣身原型结构的平面板型的建立

1) 女衣身原型结构线的名称

女衣身原型结构线的名称主要有:前后胸围线;胸宽线、背宽线;前、后袖窿弧线;腰节线;前、后中心线;前、后侧缝线;前小肩线;后小肩线、前领口线、后领口线等。如图2.33所示。

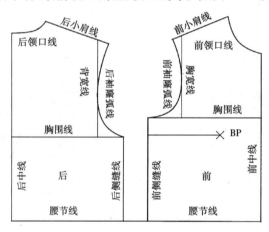

图2.33 女衣身原型结构线的名称

2) 女衣身原型平面板型的建立

(1)制图规格

制图规格如表2.12所示。

表2.12 制图规格 单位:cm

号 型	部 位	胸围 B	背长 L	袖长 SL
160/84A(M号)	规格	84	38	54

(2)制图要点

从框架到结构。如图2.34所示。

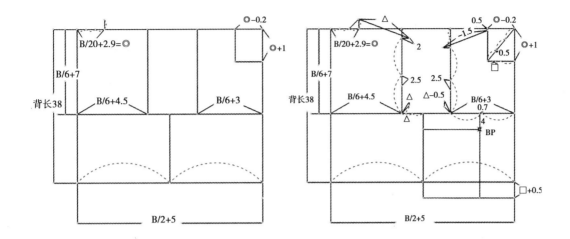

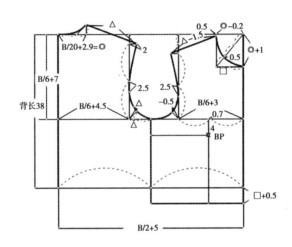

图 2.34 女衣身原型结构图

①作基础线。

a. 画出女衣身原型的基础框架图为长方形。

b. 长边为 B/2 + 5（放松量）= 47 cm，短边为背长 = 38 cm。

c. 袖窿深线：从上平线向下量取 B/6 + 7 cm = 21 cm 作水平线，平行于上平线。

d. 前胸宽线 B/6 + 3 cm = 17 cm 作竖直线为前胸宽线。

e. 后背宽线 B/6 + 4.5 cm = 18.5 cm 作竖直线为后背宽线。

②后衣身轮廓线。

a. 后领口宽 B/20 + 2.9 cm = 7.1 cm 从后中心线上端向内量取。

b. 后领口深取后领口宽的 1/3 = 2.37 cm 向上量取。在按比例画顺后领口弧线。

c. 后肩斜线 从背宽线与上平线的交点向下量取后领宽的 1/3 = 2.37 cm 作辅助线，再从背宽线向外量 2 cm 定数为后肩端点，连接后颈侧点和后肩端点为后斜肩线。它包括肩背省 1.5 cm。

d. 后袖窿弧线 按比例画顺袖窿弧线（AH 弧线）、后对位线按中点 1/2 下 2.5 cm 定位。

③前衣身轮廓线。

a. 前领口宽是由前中心点向外量取后领口宽 7.1 - 0.2 = 6.9 cm，并垂直向下量 0.5 cm 定点。

b. 前领口深是由前中心点向下量取后领口宽 7.1 + 1 = 8.1 cm 从上平线往下量为前颈点。按比例画顺。

c. 前肩斜线由后小肩减 1.5 cm 为前肩宽。

d. 前袖窿曲线按比例画顺,前对位点按中点 1/2 下 2.5 cm 定位。

e. 胸高点,在前中心线与胸宽线的中点按 1/2 向袖窿移 1 cm 定点为胸高点(BP点)。在袖窿深线上取胸宽的 $\frac{1}{2}$ 向袖窿方向移动 0.7 cm,再垂直向下 4 cm 定点为胸高点(BP 点)。

任务 2 掌握女衣袖原型结构的平面板型的建立

1) 女衣袖原型结构线的名称

女衣袖原型结构线的名称主要有:前后袖宽线、前后袖缝线、袖肘线、袖中线、袖山高、袖山弧线、袖口线等。如图 2.35 所示。

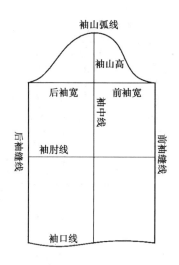

图 2.35 女衣袖原型结构线的名称

2) 女衣袖原型平面板型的建立

(1)制图规格

衣袖原型是以袖窿弧长、袖长尺寸为主要制图依据的。如表 2.13 所示。

表 2.13 制图规格   单位:cm

号　　型	部　　位	前 AH	后 AH	袖长 SL
160/84A(M 号)	规格	20.5	21.5	54

(2)制图要点

从框架到结构,如图 2.36 所示。

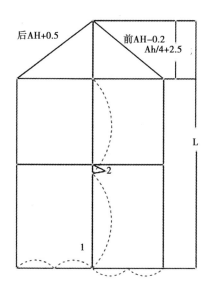
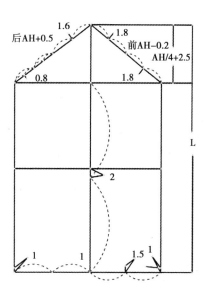
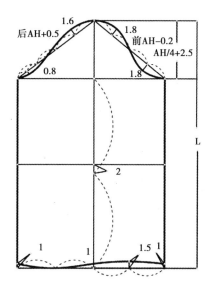

图2.36　女衣袖原型结构设计

①作基础线。

a. 袖深线:作纵横互相垂直的两条直线,其中竖线为袖中线,横线为袖深线。然后从两条线的交点向上量取 AH/4 + 2.5 cm = 14 cm 为袖山顶点。

b. 袖长线:从袖顶点向下量取 SL = 54 cm 画袖深线的平行线。

c. 袖肘线:从袖顶点向下量取 SL/2 + 2.5 cm = 29.5 cm 画袖窿深线的平行线。

d. 袖斜线:从袖顶点分别向左右侧量取后 AH + 0.5 cm 和前 AH − 0.2 cm 交于袖深线,并确定前、后袖宽。

e. 袖缝线:过前后袖宽点作袖中线的平行线。

②作轮廓线。

a. 袖山曲线:按前、后袖斜线的等分点及过等分点的定数确定袖山曲线的凹凸点,连接各点画顺袖山线。

b. 袖口线:前袖宽中点凹进 1.5 cm,两条袖缝线上提 1 cm,最低点位于后线宽的中点处,将各点连接并画顺曲线。

任务3 掌握女上装类结构设计与纸样实训——衣身结构设计

在衣身结构设计中,要使服装符合人体的结构,就必须进行一系列衣片省道的处理,由于人体的胸凸和肩胛骨凸以及腰围和臀围之间的差数,衣片中省道起着主要的作用。而胸省的形式按设计意图有不同的变化,在前衣片上胸省过BP(胸高点),可以作任意的收省处理。在胸省转移时,要固定胸高点,服装上的胸省尖点必须距离胸高点3~4 cm。这样省道的设置就解决了女性体型的胸围、腰围和臀围的凹凸问题,使女性体型的外轮廓呈现自然优美的曲线。

1)前衣片省道的设置与表现形式

(1)前衣片省道的设置

前衣身原型的省是分布在腰节线以上的,在实际操作上是以胸部最高点为中心(BP点),从BP点放射,可以作出满足胸凸的不同方向的胸腰省,设置的前衣片省道有领省、肩省、袖窿省、腋下省、肋省、腰省、斜腰省、前中心省等。如图2.37所示。

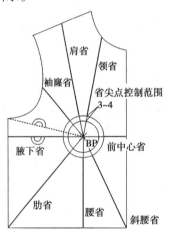

图2.37 前衣片省道的设置

(2)前衣片省道的表现形式

前衣片省道的表现形式:根据前片各自省道所处的不同位置,所表现的形式可以是直线、曲线、弧形等,其形状为标准形省、瘦形省、胖形省、丁字形省、橄榄形省等。如图2.38所示。

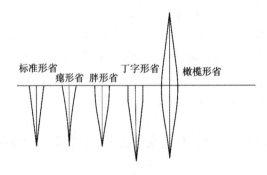

图2.38 前衣片省道的表现形式

2）后衣片省道的设置与表现形式

后衣片省道的设置与表现形式：

后衣片省道以肩胛点为中心设置，向衣片的边缘作射线，射线所在的那个部位，就叫那个部位的省，后衣片省道的设置有肩胛省、后领省、后袖窿省、肩部育克式省等。如图2.39所示。

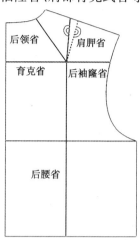

图2.39 后衣片省道的设置与表现形式

3）衣身省道、褶裥、分割线的设计要点

衣身的合体性是指服装的款式设计与衣身的省道、褶裥以及分割线的设计，这些元素直接影响着服装是否能够符合与满足穿着者体型的要求。在衣身结构设计中，省道、褶裥、分割线的设计与运用，增加了结构设计的层次感，同时也获得新的款式造型，丰富了服装款式的变化。

（1）衣身省道转移原理

当原省与新省的边长相等时，原省与新省的省大开口量相等，省缝夹角大小不变。当省缝转移时，省端距BP点距离越远，省开口量越大，反之越小。如图2.40所示。

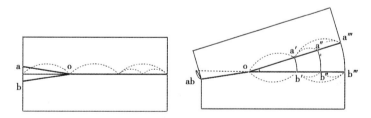

图2.40 衣身省道转移原理

（2）衣身主体线条与褶裥的设计要点

衣身的主体线条设计，可以说是比较自由的。如女式休闲装的外形轮廓设计，衣长的变化比较突出，其长度可过臀围线或设计在臀围线以上，腰部线条的设计可设置在腰节线上下各5 cm左右或设置在腰节下15 cm即直筒形状的造型。而袖子的设计也是多变的，其造型也比较自由。如可以将衣身主体分割线条与袖山褶裥相结合，形成丰富的款式造型。如图2.41所示。

（3）衣身主体线条与分割线的设计要点

女西装的外形轮廓设计，在衣身主体线条与分割线的设计上变化比较明确。合体的西装体现了女性形体线条的美感，而服装造型则多用公主线、刀背缝等分割线，以及腋下省进行收缩腰身的曲线，分割线不仅能作为装饰线的使用，又可以使整体造型上追求线条简洁流畅，外形大方、别致。前片分别以a,b,

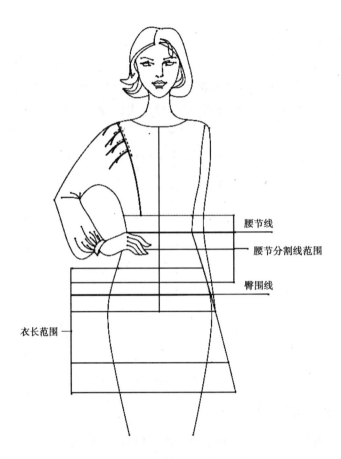

图 2.41　衣身主体线条与褶裥的设计

c,d,e 为起点,后片分别以 a′,b′,c′,d′为起点与腰省形成流畅的分割线。如图 2.42 所示。

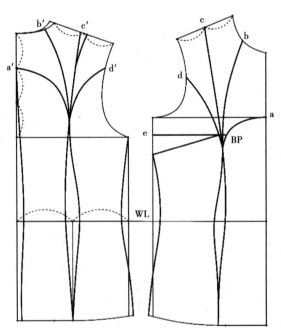

图 2.42　衣身主体线条与分割线的设计

任务4　掌握女上装类结构设计与纸样实训——衣领结构设计

衣领是服装设计师最为关注的重要部件之一,是人们视觉的中心,其种类形态很多,穿着的效果也丰富多彩。衣领的结构设计,对表现服装造型设计的艺术风格起到重要作用。根据衣领结构的特征分为无领、有领两大类,其中有领类还可分为关闭领和驳领。

1)无领的结构设计

(1)无领的构成

无领是指领口处只有领窝口线而没有衣领的领型,是一种依附于衣片的领子造型。无领的领圈可以在肩端点、颈肩点、胸高点之间整个范围内变化,其构造简单,具有随意、流畅的风格特征。

无领领口要与脸形相协调,圆脸形不适合浅圆领口;方脸形不适合方领口;长脸形不适合竖直的领口;短颈不适合浅圆的领口;溜肩不适合一字领。

无领结构设计变化繁多,无领的领口可以打褶、加袢;可以添加结饰、扣饰、合适的图案装饰;还可以变化门襟、搭门,也可以是明翻边或暗翻边等。

(2)无领结构制图要点

第一,无领的结构制图步骤是以服装原型板的领口为制图基础。

第二,确定好领子的结构造型后,使衣领的前后宽度调整相等,前领深的变化,可下移至胸围线上3 cm位置,往上可提高到颈窝点以上位置,确定好新的肩点、前后领点。

第三,最后,在原型板的领口上做出新的领口结构线。如图2.43至图2.45所示。

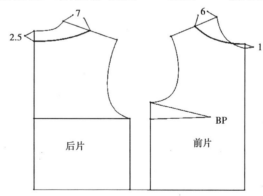

图2.43　一字领款式与结构图

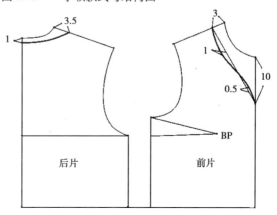

图2.44　V字领形款式与结构图

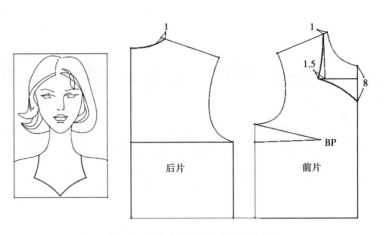

图 2.45　方角领形款式与结构图

2) 关闭领的结构设计

立领是属于关闭领类结构中实用性很强的领型。因此,衣领尺寸的合理确定、衣领与领口、衣领与人体颈部的配合关系是立领结构设计的技术关键。

（1）立领的构成

①立领的构成,是条形的领片直立于衣身的领口处,并围绕人体颈部的领子。其基本结构为长方形。

②立领领圈起翘量的构成形式分别有贴体式立领、适体式立领、宽松式立领、喇叭式立领,其起翘量可根据款式的不同而分别有所不同。如图 2.46 所示。

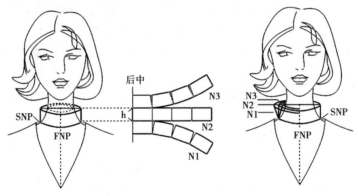

图 2.46　立领领圈的起翘量

（2）立领的结构设计与制图要点

①中式旗袍领的结构设计。设领围长度为 38 cm。以长为 $\frac{1}{2}$ 领围,宽为 5 cm 的长方形构成。如图 2.47 所示。

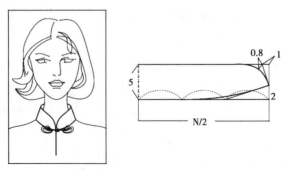

图 2.47　中式旗袍领款式与结构图

②衬衫领的结构设计。分为上立领结构和下立领结构。设领围总长度为40 cm。长为$\frac{1}{2}$领围,上立领结构宽一般为4.2 cm;下立领结构宽一般为3~3.5 cm。如图2.48所示。

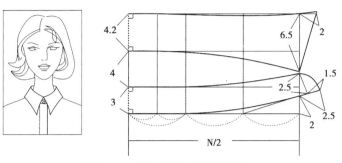

图2.48　衬衫领款式与结构图

③拿破仑大衣式立翻领的结构设计。分为上翻领结构和下立领结构。设总长度为42 cm。将其长度1/2领长分为21 cm+2.5 cm(松量),下立领结构宽一般为4 cm,上领宽为6 cm,领型的长与宽成为矩形,下立领座部位须展开。如图2.49所示。

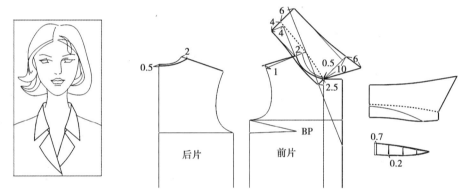

图2.49　拿破仑大衣式立翻领款式与结构图

④坦领的结构设计。坦领的领底线是随着领口圈形状的变化而产生变化的,领底线下弯曲和领窝弯曲度相同,领面形状的形成是全部服贴在衣身的肩部上。如图2.50所示。

⑤坦领的结构设计与制图要点。对合前后衣片的开领点,重叠前后衣片外肩端2 cm,根据领子造型修正领内口线和领外口线。

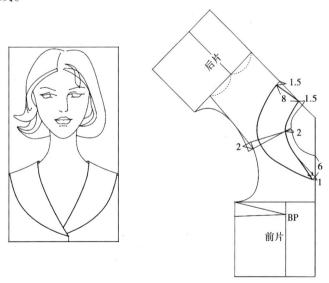

图2.50　坦领款式与结构图

3) 驳领的结构设计

驳领一般有平驳领、戗驳领、青果领等。驳领的各部位名称如图2.51所示。

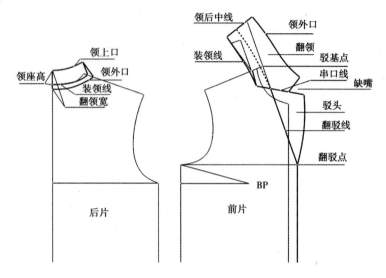

图2.51 驳领的各部位名称

（1）驳领的构成

驳领是翻领与领座相连的衣领，它和衣身驳头共同组成驳领领型。

（2）驳领的结构制图要点

在结构设计中驳口基点位置的正确性，以单排扣基点位置的设置为例，如图2.52所示。

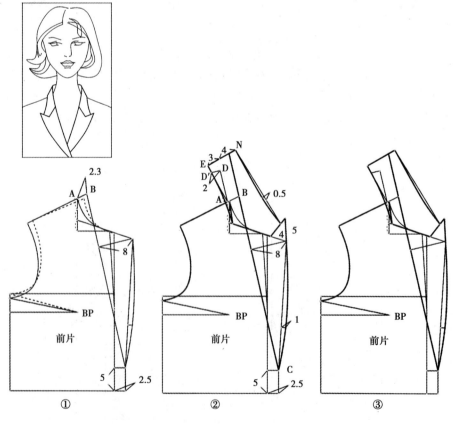

图2.52 驳领款式与结构图

①确定领口与驳头。将衣身原型转动出撇胸后再进行领口与驳头的定位。先做出驳口线,肩领点 A 沿肩线延长 2.3 cm 为驳口基点 B(AB 两点的距离为领座宽的 0.8 倍),在止口线上高于腰节 5 cm 左右确定驳口止点 C,BC 两点连线为驳口线,领口、串口及驳头宽的结构,如图 2.52①所示。

②确定翻领松度。过 A 点向上作 BC 的平行线,其长度为衣领的宽度 7 cm,并设为 D 点,由 D 点左量 2 cm 作垂线段得 D′点,连接 AD′并延长到 E 点,使 AE 为后领弧长,过 E 点作 AE 的垂线 EN 其线段长为衣领宽度,领角宽 3.5 cm 左右,距驳头顶点 4 ~ 5 cm 或根据流行而定。如图 2.52②所示。

③绘制轮廓线。连接各主要结构点,作出领上口翻折线。注意后领宽两端的直角处理。如图 2.52③所示。

(3)驳领的结构分析

①领口的定位。领口宽一般是利用衣身原型转动法在前中心设置出撇胸后,根据服装款式的要求,可以沿肩线将前后领点向外扩展 1 ~ 1.5 cm。领口的定位,多采用前胸宽的 1/2 设定领口宽。如图 2.53 所示。

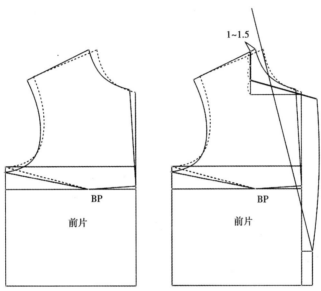

图 2.53 领口的定位

②领口深与串口线定位。在驳领西装结构设计中,领口深可依据款式的要求,以原型领口深为基础作上下调整进行变化。串口线位置的确定决定于领深和领口线的造型形态,而且还影响驳头的外部造型形态。如图 2.54 所示。

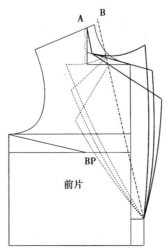

图 2.54 领口深与串口线定位

（4）驳头的结构设计

驳头是由驳口线、驳头宽、驳头外形的造型3个要素构成的。

①驳口线的结构设计。驳口线是连接驳口基点与驳口止点的直线，是驳头翻折的基准线，也是驳领款式造型的重要结构线之一，它的倾斜状态直接受驳口止点及衣身叠门宽的影响。在叠门宽相同的情况下，驳口止点越向上移动，驳口线越倾斜。在驳口止点相同的情况下，叠门越宽，驳口线越倾斜。如图2.55所示。

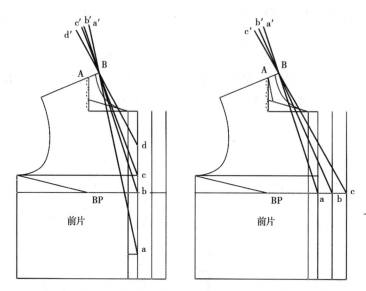

图2.55　驳口线的结构设计

②驳头宽与驳头外形的结构设计。西装的驳头宽一般为7.5～8 cm，戗驳头西装的驳头宽在10 cm左右。驳头宽窄的结构设计可以协调体型。驳头外形的造型有，平驳头、戗驳头、连驳头之分。驳头宽与驳头外形的结构设计直接反映服装款式的风格。如图2.56所示。

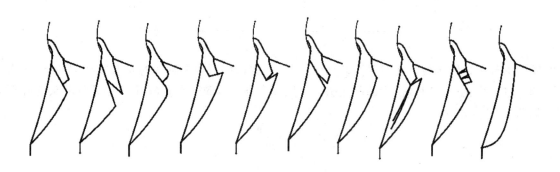

图2.56　驳头宽与驳头外形的结构设计

③驳领的配置。驳领与驳头又是一个整体，需要共同来考虑造型及相关因素，因此，一般选用在领口配置领型的方式。

a.按款式图或根据设计衣领的前面部分，将其轮廓画在左面的衣片上。

b.以驳口线为对称轴，将左面领型复制在驳口线的右侧，然后沿长驳口线，并与之平行地从肩领点向上截取后领弧长，作垂线定领宽，与前领角连接。以后领座宽ho＝3 cm，翻领宽h＝4 cm为例，作出的衣领翻折后外径大于内径。如图2.57所示。

（5）驳领类的款式与结构设计表现形式

驳领中的平驳领款式与结构设计图、戗驳领款式与结构设计图、青果领款式与结构设计图，如图2.58所示。

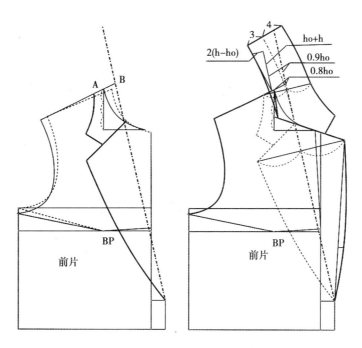

图 2.57　驳领的配置

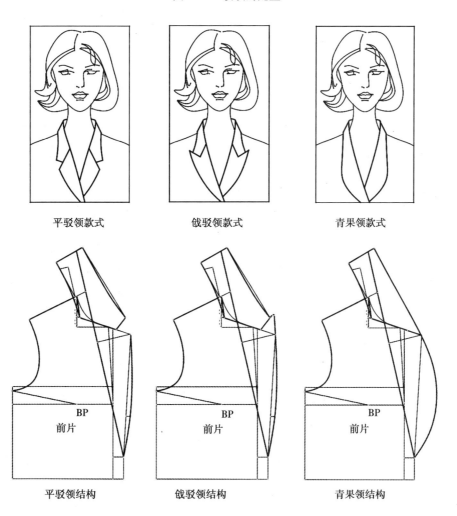

图 2.58　驳领类的款式与结构设计表现形式

在实际的结构设计中,我们不可能用作图的方法逐一去测量领外口长度,然后再确定松度,可以用经验法和比例法等来确定。如:翻领松量等于翻领宽与领座宽差数的2倍,这种计算法也较为实用。总之,翻领松量的作用与连翻领平面制图中采用的领后翘势的作用是完全相同的。在驳领的配置中,翻领松量主要受翻领宽与领座宽差数的制约,翻领宽与领座宽的差数越大,翻领松量就越大,所配置出的衣领的领外口线就越长,反之亦然。此外翻领松量还受面料质地、工艺制作方法等因素的影响。

任务5　掌握女上装类结构设计与纸样实训——衣袖结构设计

衣袖的造型主要表现在袖山、袖窿、袖口和袖形的长短、肥瘦的变化上。按袖的长短可分为无袖、短袖、中袖、七分袖、长袖。按袖片的数量可分为独立的一片袖、二片袖、三片袖和多片袖。按装袖的方法可分为圆装袖、插肩袖、连袖和组合袖等。按袖子造型的特点可分为灯笼袖、喇叭袖、花瓣袖、羊腿袖等。衣袖的结构设计是上身结构设计中最为复杂和变化的重要部位。

1)衣袖的结构分析

①袖原型与人体的关系:人体的上肢靠近肩头的部分是一个曲面,(外肩端点)上臂根横截面似椭圆形,腋窝水平面处周长最大,即臂围。肩端到腋窝水平面间的大小 h 是袖深尺寸的依据。从上臂根线展开,加入肩部的吃势和一定的放松量,就得到衣袖的基本型。如图2.59所示。

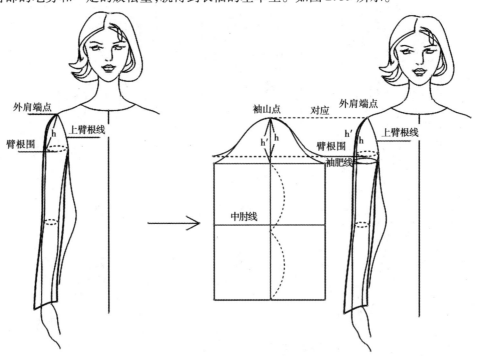

图2.59　袖原型与人体的关系

②袖窿深与袖山高、袖山斜线的对应关系:袖窿深是在人体腋窝下方,袖窿深线将衣袖分成袖山高和袖下长两部分,袖山的高是由袖窿的深度来决定的。袖山斜线的长度相对不变,只是倾斜角发生变化,倾斜角越小,袖山深就会变低,袖窿深逐渐变深,袖窿宽变窄,反之亦然。它们之间的位置相互对应,直接影响衣袖的合体程度和服装整体效果。如图2.60所示。

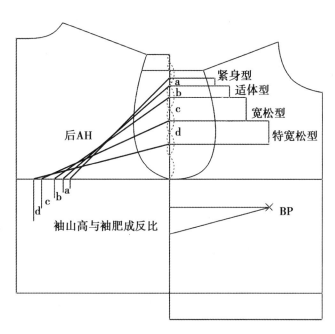

图2.60　袖窿深与袖山高、袖山斜线的对应关系

2）衣袖的结构变化

（1）一片袖的结构设计

在衣袖原型的基础上可根据不同风格的服装要求,配置不同类型的袖型样式。如图2.61所示。

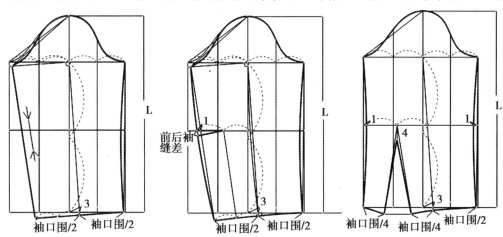

图2.61　一片袖的结构设计

（2）两片袖的结构设计

在衣袖原型的基础上设计前后两条分割线,使一片袖变为二片袖,同时利用分割线把多余的部分去掉,袖片不但符合人体手臂的形状,而且更加合体和美观。

①以衣袖原型板为基础。先确定前后袖宽的中点,过中点作竖线,为前后基础线。然后将根据基础线作前偏袖线,定袖口大,再作后偏袖线。

②以前后偏袖线为准,确定袖口的大小。一般袖口尺寸为25 cm,在袖口线上大袖借多少,小袖少多少,作出前后袖缝线,定袖口宽的1/2,即12.5 cm。以前袖线为中点分别在袖山深线、袖肘线、袖口线各取3 cm做点,并连接成线,分别是大袖和小袖的前袖缝线,大袖和小袖的后袖缝也分别在袖山深线、袖肘线、袖口线各取2 cm做点,在与袖口线的袖叉10 cm作连接成线,完成大袖和小袖的后袖缝线。前后的袖缝长短一致。

③在袖山顶点加出 1.5~2 cm,画顺袖山曲线。如图 2.62 所示。

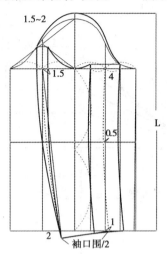

图 2.62　两片袖的结构设计

（3）插肩袖的结构设计

插肩袖是一种借肩设计的袖型,被广泛应用于各种服装,它可以是一片插肩袖,也可以是二片插肩袖,二片插肩袖更合体。如图 2.63 所示。

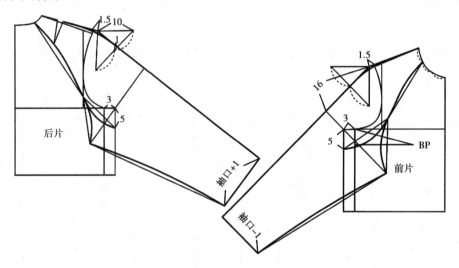

图 2.63　插肩袖的结构设计

①袖中线倾斜角度。利用肩端点的等腰直角三角形的高确定袖中线的倾斜角度,一般45°为最合适。也可以根据服装的合体程度确定角度,一般可以为35°~60°。

②袖窿深。一般按二片袖的袖窿深,也可以适当加深,从肩端点沿袖中线量起。

③袖窿宽。以定位标记点为准,量取到衣片侧缝点(袖窿深点)的距离,并以相同的距离量取到袖窿深线上定袖窿宽。

④分割线。分割线可以设计成斜线、横线、曲线等形状,应根据款式要求确定。在分割线上确定标记,它是上下弧线的分界点,上部分为衣身、衣袖公用,下部分身袖分开。

⑤相关结构线的吻合。相关结构线有前后侧缝线,前后袖中线、前后袖缝线,它们所对应的长度要相等。后小肩缝可比前小肩缝长0.5 cm左右,肩背省可移到分割线中。

⑥袖口。袖口线应与袖中线垂直,前袖口等于或小于后袖口。

项目3　女装系列整体结构设计与实训

在女装结构设计中,设计师首先要掌握女装的外部轮廓型,对于在"廓型"的构思上,必须具备丰富的想象力和独特的创作力,其次要掌握女装造型轮廓线的构成设计,且轮廓线必须适合人的体型,设计一件衣服就可以根据人体的特征抽象地概括为"长方形""梯形""倒圆锥形""葫芦形体"等基本形。在此基础上,还可以运用多形体的组合、套合、重合、进行增减和对方圆体的转换组合等现代立体构成的基本方法来变化成服装的各种立体的基本形态。再次要掌握女装内部和局部结构关系,重点是结构线、公主线、省道线、褶裥的表现形式,以及衣领、衣袖袖口、门襟、口袋、腰带与腰襻、扣件的表现形式。接下来,就是要转向设计拓展和进展,在这一阶段,要求你作为一名设计师最大限度地探寻信息资料。最后去传达和展示设计作品各种不同的方法。本项目以女装系列整体结构设计为例,辅以阐述文字与图例,为你带来灵感启示。

任务1　女衬衫系列结构设计与实训

衬衫分为两种类型,一类是内穿型,一类是外穿型。女式衬衫的款式变化丰富,形态各异。如基本型(小翻领式衬衫)、过肩式衬衫(仿男式型衬衫)、礼服式紧身衬衫(立领、前门襟加花边装饰的女士衬衫)等。

主题系列设计说明:

①造型:此系列衬衫在胸上部基本合体,利用分割线构成的视觉,突出省道的变化,呈现出不同的造型效果。根据流行趋势朝着多样化、个性化的方向而定。

②色彩:简洁的白色衬衫永远都是都市人心目中的最爱,银装素裹却独有一份惬意;而拥有外向型的深玫红为色系主导,内敛的酒红色为辅助,更能激发人们对生活的美好与憧憬。

③装饰:用点、线、面的有规律和无规律的组合,将具象、抽象的几何形态以不同的技法表现在面料上,镂空、扎染、印花以及手绘等。在领角、口袋、侧摆、底边部位进行装饰。

④工艺:可采用镂空、印花的工艺,产生多面的立体效果。

⑤面料选择:仿真丝绸、仿麻丝、人造棉印花布、粘胶纤维类面料等。

⑥规格设计:号型160/84A,如表2.14所示。

表2.14　规格设计　　　　　　　　　　　　　　　　　　　　　单位:cm

部　　位	衣长 L	胸围 B	臀围 H	肩宽 S	袖长 SL	袖口 CW
规　　格	52~56	88~94	90~96	36~38	52~56	23
档　　差	2	4	4	1	1.5	1
备　　注	袖口规格大小的变化依据款式设计而定					

⑦制图要点:在原型基础上完成衬衫款式的结构设计,款式一(图2.64)、款式二(图2.67)、款式三(图2.69)、款式四(图2.71)。

a.画原型基础结构线。

b. 延长原型前、后中心线,侧缝线至所需衣长。

c. 根据款式修正、肩部、袖窿、侧腰、下摆,并完成领子各省道及内部结构线的组合设计。

d. 画顺外部轮廓线。

具体如图 2.64 至图 2.72 所示。

●衬衫款式一

图 2.64　衬衫款式一

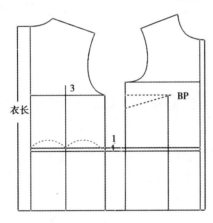
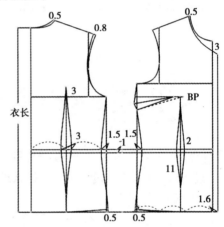

图 2.65　衬衫款式一基本结构框架

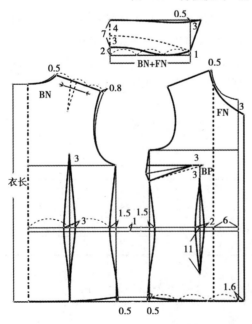
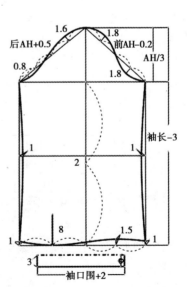

图 2.66　衬衫款式一结构完成图

●衬衫款式二

图 2.67 衬衫款式二

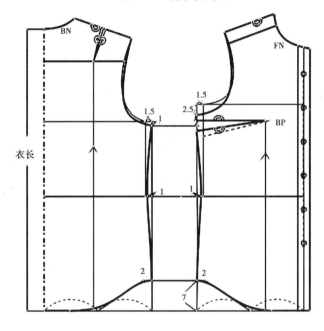

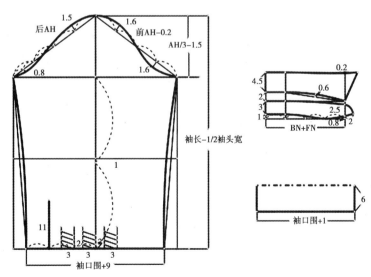

图 2.68 衬衫款式二结构图

●衬衫款式三

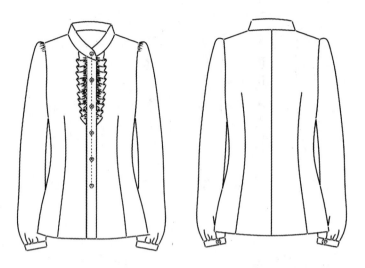

图 2.69　衬衫款式三

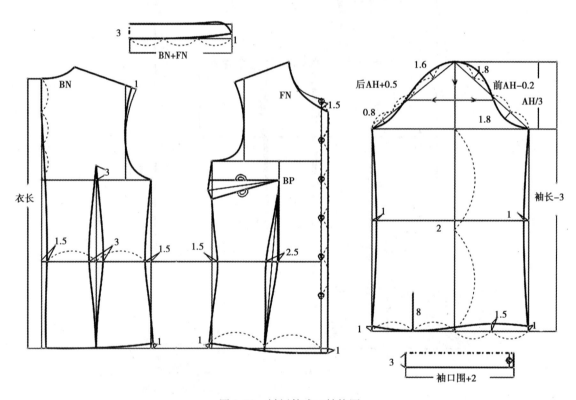

图 2.70　衬衫款式三结构图

●衬衫款式四

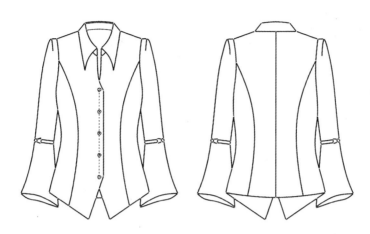

图 2.71　衬衫款式四

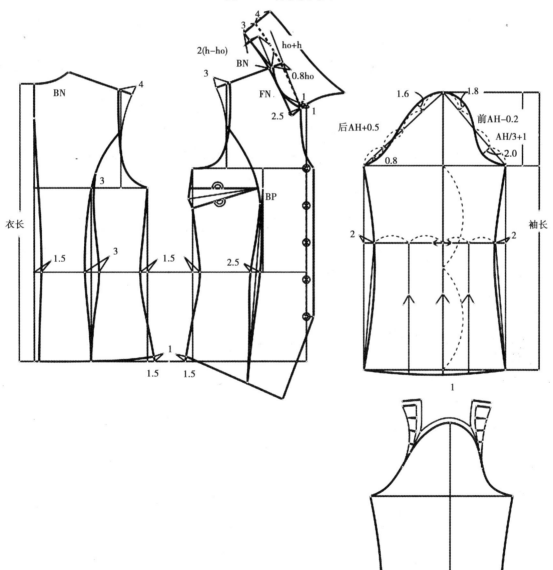

图 2.72　衬衫款式四结构图

任务2　连衣裙系列结构设计与实训

连衣裙是指上身的衣和下身的裙连在一起的服装。最早的连衣裙出现在古埃及时期人们普遍穿着套头衣,这种套头衣在前衣片中心开口,衣身的腰部也稍有缩腰,从头部往下套穿着被称为是最早的连衣裙。在13—14世纪男女服装基本没有区别,都是以套头衣形式的服装,衣襟有开在前面和后面及侧面的,开在后面的则是自后颈背而下。这种形制可以说是受到欧美的影响,后来在我国清代的朝服中也有这种形式的连衣裙。20世纪30年代初期在留学生和文艺界流行起来,并深受年轻姑娘们的喜爱。

连衣裙在结构上分为连腰型和接腰型两种形式。对肩、腰、臀的主要人体部位进行夸张或强调,在腰间缩紧,或在腰间加束腰带,以显示出腰身的纤细,这样能获得新发展与突破。

主题系列设计说明:

①造型:此系列连衣裙在造型上强调人体的曲线,腰部缩紧,突出肩部和臀部以及宽大的摆型设计。

②色彩:蓝色自古以来受人喜爱,是连衣裙常用色彩中不可少的元素之一。蓝色中有明色系、深色系、艳色系等。饱和度最高的蓝色标志着理智、博大,让人感觉到庄重、悠远、纯洁、典雅、朴素、透明、冷酷。

③装饰:根据款式及产品品牌的定位进行选择。可选择蕾丝、花边、刺绣、绳、珠片、羽毛、祥带、金属扣件。传统和古典风格的连衣裙可选择盘扣、中国结、贴花、编织等。

④工艺:从蕾丝制作珠绣和刺绣技艺,采用蓝印花布、青花瓷、镂空、扎染工艺相结合。

⑤面料选择:真丝类、化纤类、人造纤维类、针织面料等。

⑥规格设计:号型160/84A,如表2.15所示。

表2.15　规格设计

单位:cm

部　位	衣长 L	胸围 B	腰围 W	臀围 H	肩宽 S	袖长 SL	袖口宽 CW
规　格	85 ~ 93	90 ~ 94	70 ~ 74	94 ~ 98	38 ~ 39	10 ~ 12	15 ~ 18
档　差	2	4	4	4	1	1.5	1
备　注	根据具体款式选用相应的规格尺寸						

⑦制图要点:在原型基础上完成连接裙款式的结构设计。款式一(图2.73)、款式二(图2.76)、款式三(图2.78)、款式四(图2.80)。

a. 画原型基础结构线。

b. 延长原型前后中心线、侧缝线至所需衣长。

c. 根据款式修正袖窿、侧腰、下摆,并完成领子,省道及内部结构线的组合设计。

d. 画顺外部轮廓线。

具体如图2.73至图2.81所示。

●连衣裙款式一

图2.73 连衣裙款式一

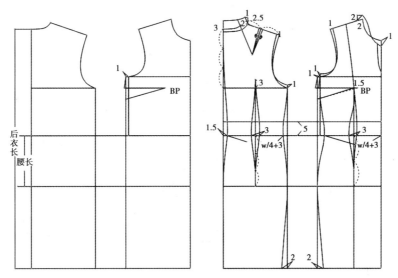

图2.74 连衣裙原型基本结构框架

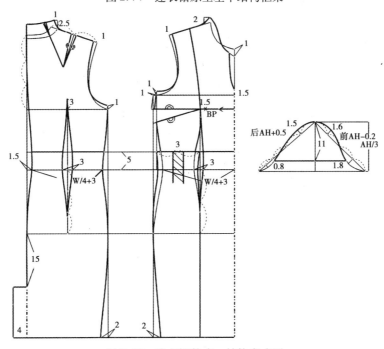

图2.75 连衣裙款式一结构完成图

●连衣裙款式二

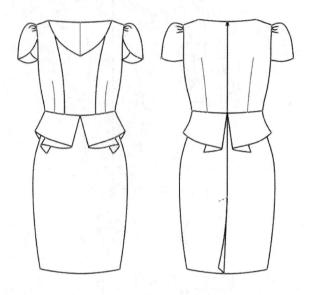

图 2.76　连衣裙款式二

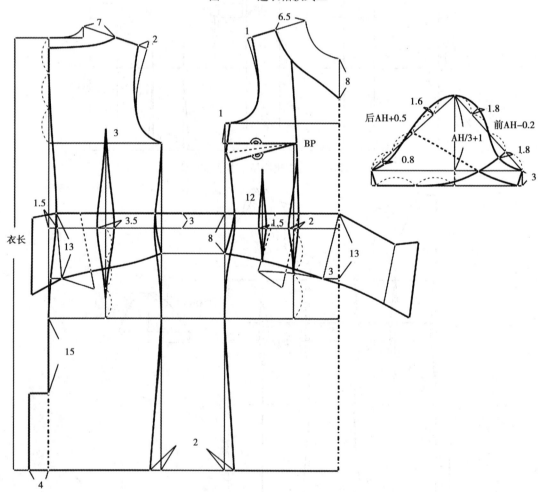

图 2.77　连衣裙款式二结构图

●连衣裙款式三

图 2.78　连衣裙款式三

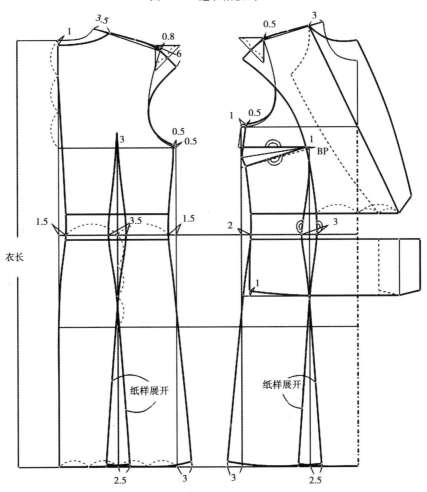

图 2.79　连衣裙款式三结构图

●连衣裙款式四

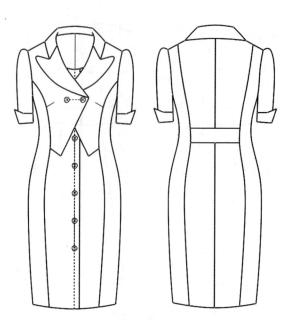

图 2.80　连衣裙款式四

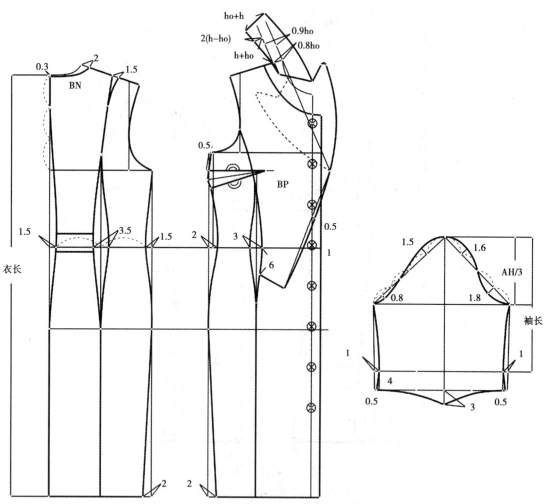

图 2.81　连衣裙款式四结构图

任务3　女时装系列结构设计与实训

时装的出现是在20世纪20年代的中晚期,是近代中国妇女服装演变的一个重要阶段。时装的出现和时装品牌发展的不断涌现,讲究生活质量,注重着装,追求时尚,已不是一种奢侈的要求了。女为悦己者容。时装它是一种态度,和谐的组合、色彩的搭配、产品的多样性都反映了内在的品质与修养。我们说,当时尚真正成为一种生活态度和生活方式时,自然就融进了我们最平常的生活里,这时的时尚才是最高的境界。

主题系列设计说明:

①造型:此系列的时装造型风格依然是简单的设计考验着设计师精心别致的装饰设计和精益求精的纸版工艺。衣领、门襟、肩部、衣袖和袖口的细节设计成为设计最大的亮点。

②色彩:多色搭配的时装。首先要抓住服装的色调这一重要环节。所谓色调是指色彩的整体协调性,它是某一事物或整套服装色彩外观的重要特征和总体倾向。色调与色相、明度、纯度、色面积比例、色位置、材质等诸多因素相关,其中若以一个色彩要素为主,它则起着主导支配作用,色调也就倾向这一因素。

③装饰:注重形式、空间、线条、肌理、光线的设计原则,利用提花、印花、绣花、植花、拉链齿状滚边等多种装饰艺术的表现赋予活力。

④工艺:印花是一个基本考虑的要素,印花织物或印花与珠绣等特种工艺的结合使用,有着较强的视觉吸引力。

⑤面料选择:麻纤维织物、合成纤维织物、蚕丝纤维织物面料等。

⑥规格设计:号型160/84A,如表2.16所示。

表2.16　规格设计　　　　　　　　　　　　　　　　　　　　单位:cm

部　位	衣长 L	胸围 B	腰围 W	臀围 H	肩宽 S	袖长 SL	袖口宽 CW
规　格	54～65	92～96	78～82	96～100	38～39	25～56	24～30 12～15
档　差	2	4	4	4	1	2	2
备　注	根据具体款式选用相应的规格尺寸、袖子可做圆装袖或连袖或插肩袖,短袖袖口依据臂围而定						

⑦制图要点:在原型基础上完成时装款式的结构设计:款式一(图2.82)、款式二(图2.85)、款式三(图2.87)、款式四(图2.89)。

a.画原型基础结构线。

b.延长原型前后衣片中心线,侧缝线至所需衣长。

c.根据款式对衣身、衣领、衣袖进行修正,并完成内部结构线的组合设计。

d.确定并画顺外部轮廓线。

具体如图2.82至图2.90所示。

●时装款式一

图 2.82　时装款式一

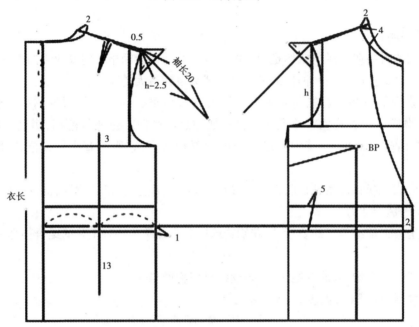

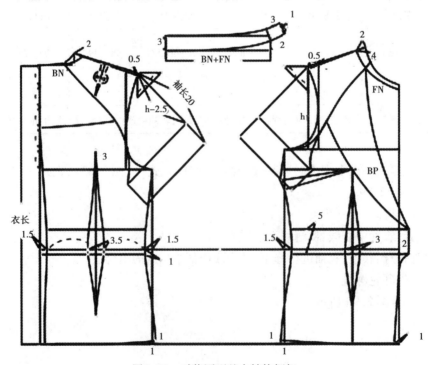

图 2.83　时装原型基本结构框架

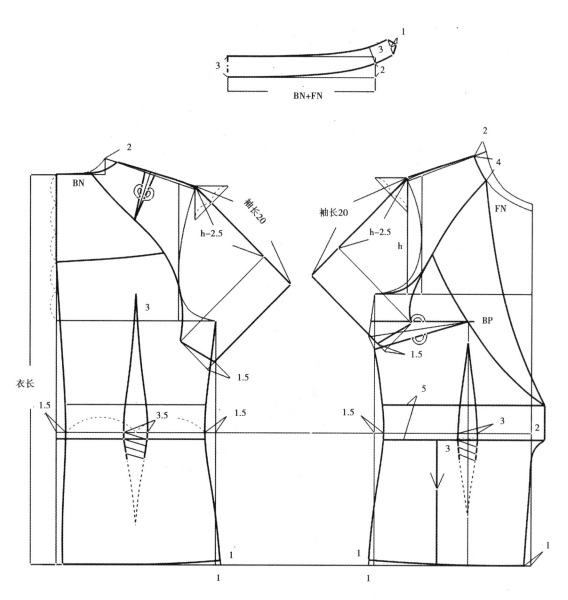

图2.84 时装款式一结构完成图

●时装款式二

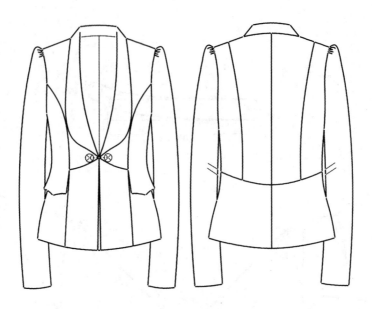

图 2.85　时装款式二

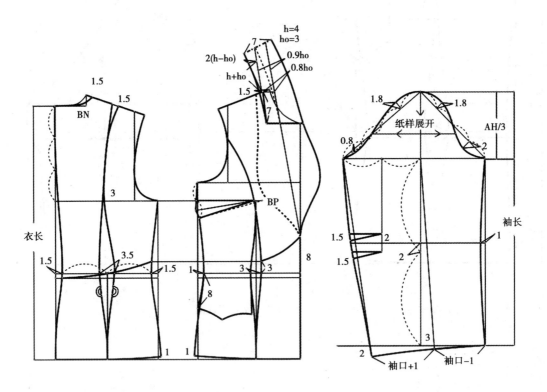

图 2.86　时装款式二结构图

●时装款式三

图 2.87 时装款式三

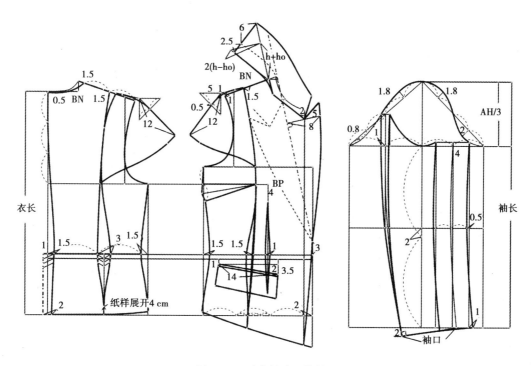

图 2.88 时装款式三结构图

●时装款式四

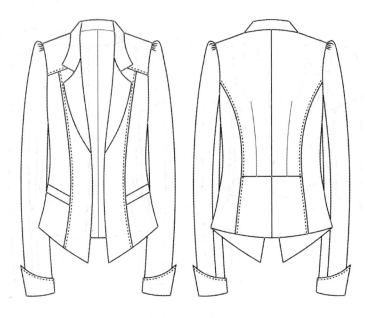

图2.89　时装款式四

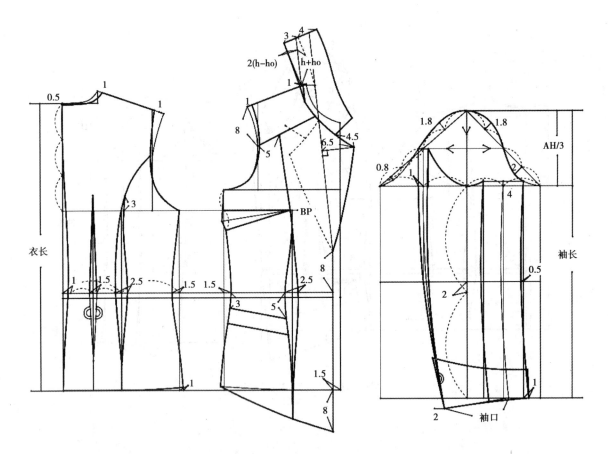

图2.90　时装款式四结构图

任务4　外套大衣系列结构设计与实训

在外套大衣的设计中长度是至关重要的,因为它与着装者的身高必须相符,其次是肩部的设计,肩部设计的宽与窄是保证衣身造型的重要因素,也直接影响袖型的设计的美观。随着现代生活节奏的加快,外套大衣深受职业人士们的所爱是服饰必备品之一。

主题系列设计说明:

①造型:此系列造型注重衣身的腰部缩腰设计、夸张肩部增加精致的配饰装饰元素,整体呈扇形,加上流畅飘逸的下摆,更加突显职业女性成熟、稳重,穿出了书卷气和都市与自然感兼具的韵味。

②色彩:褐色系属于中间色,给人以绝不哗众而取宠的印象。土色、灰棕与深浅褐色,能营造出古色古香的气氛,展现出一种传统与现代的审美情调。灰色能与任何颜色搭配,可起到调和色彩的作用。中性的灰色虽然无色相,但明度层次丰富。能够被许多女士乐于接受并喜爱的颜色。各种灰色是服装行业和时装流行以及品牌的主打首选色。

③装饰:采用扣饰、袢带、花边、经典简约的图案带有古典味道的风格。

④工艺:丰富多样的图案设计结合现代科技工艺技术。

⑤面料选择:高档的全毛呢料、精纺呢绒、仿麻丝面料等。

⑥规格设计:号型160/84A,如表2.17所示。

表2.17　规格设计　　　　　　　　　　　　　　　　　　　　单位:cm

部　位	衣长 L	胸围 B	腰围 W	臀围 H	肩宽 S	袖长 SL	袖口宽 CW
规　格	82~90	94~100	84~88	96~104	39~41	52~58	26~30
档　差	3	4	4	4	1	2	1.5
备　注	根据具体款式选用相应的规格尺寸						

⑦制图要点:在原型基础上完成大衣款式的结构设计:款式一(图2.91)、款式二(图2.94)、款式三(图2.96)、款式四(图2.98)。

a.画原型基础结构线。

b.延长原型前后中心线,侧缝线至所需长度。

c.根据款式完成领口、袖窿、侧摆、省道及内部结构线的组合设计。

d.画顺外部轮廓线。

具体如图2.91至图2.99所示。

●外套大衣款式一

图 2.91　外套大衣款式一

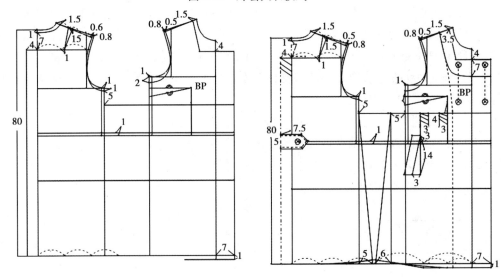

图 2.92　外套大衣款式一结构框架

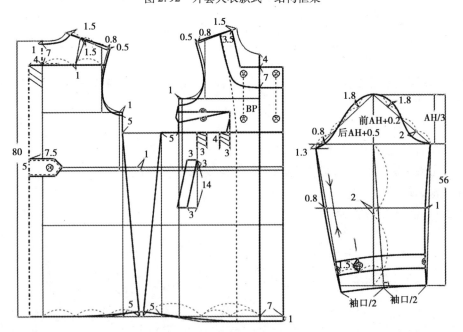

图 2.93　外套大衣款式一结构完成图

●外套大衣款式二

图2.94 外套大衣款式二

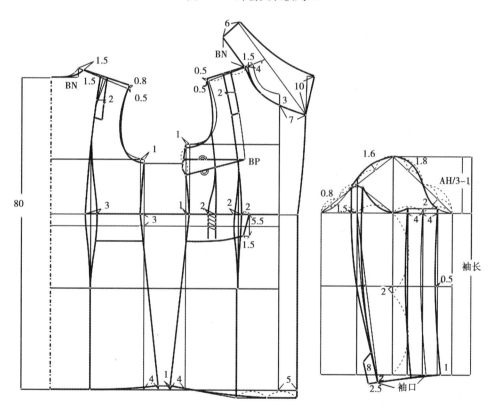

图2.95 外套大衣款式二结构图

●外套大衣款式三

图 2.96　外套大衣款式三

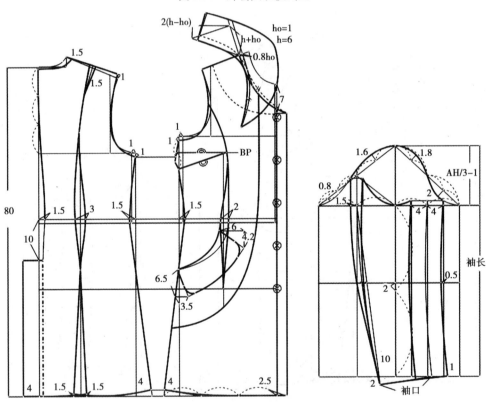

图 2.97　外套大衣款式三结构图

●外套大衣款式四

图2.98　外套大衣款式四

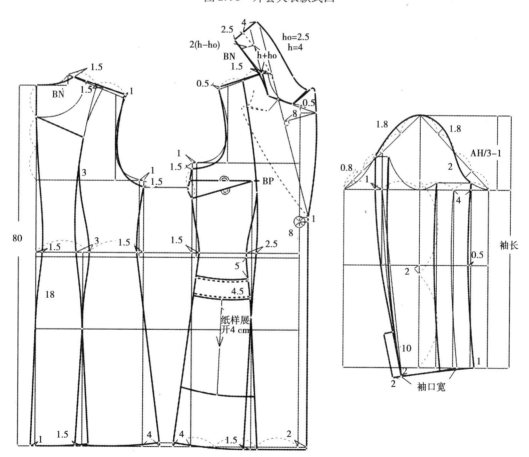

图2.99　外套大衣款式四结构图

任务5 综合元素主题结构设计与实训

1) 传统旗袍主题结构设计

旗袍是我国一种富有民族风情的妇女服装,由满族妇女的长袍演变而来。由于满族称为"旗人",故将被称为"旗袍"。在清代,妇女服饰可谓是满汉并存。清初,满族妇女以长袍为主,而汉人妇女仍以上衣下裙为时尚;清中期,满汉各有仿效;到了清代后期,满族效仿汉族的风气日盛,甚至出现了"大半旗装改汉装,宫袍截作短衣裳"的情况,而汉族仿效满族服饰的风气,也于此时在一些达官贵妇中流行起来。

主题系列设计说明:

①造型:旗袍整体衣身造型合体,突出衣领和门襟的分割线,把握好胸部和腰部收省量尺寸,其收省形态较多,束身效果明显立体感强。

②色彩:在国际时尚舞台上,提到红色就会让人联想到中国,尤其是红和绿在中国传统旗袍服饰中运用得最为广泛。

③装饰:运用平面刺绣方法装饰服装表面空间,是旗袍装饰的惯用手法。尤其是精妙绝伦的刺绣工艺与丝绸面料配合,使服装充满东方神韵。

④工艺:精彩的镶、嵌、滚、盘、绣等几大工艺被广泛应用于旗袍设计中,已成为旗袍时装化的时髦点缀。

⑤面料选择:真丝织花和印花、织锦缎、软缎、涤纶仿真丝、涤丝绸面料等。

⑥规格设计:号型160/84A,如表2.18所示。

表2.18 规格设计   单位:cm

部 位	衣长 L	胸围 B	腰围 W	臀围 H	肩宽 S	袖长 SL	袖口宽 CW
规 格	98~110	90~94	70~74	94~98	38~39	10~16	15~17
档 差	2	4	4	4	1	2	1
备 注	根据具体款式选用相应的规格尺寸						

⑦制图要点:在原型基础上完成旗袍款式的结构设计:款式一(图2.100)、款式二(图2.103)。

a. 画原型基础结构线。

b. 延长原型前后中心线,侧缝线至所需衣长。

c. 根据款式修正肩部、袖窿、侧腰、下摆,并完成内部腰省及结构线的设置。

d. 画顺外部轮廓线。

具体如图2.100至图2.104所示。

●旗袍款式一

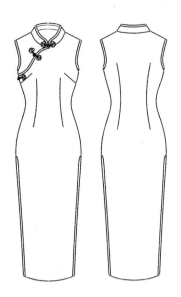

图 2.100　旗袍款式一

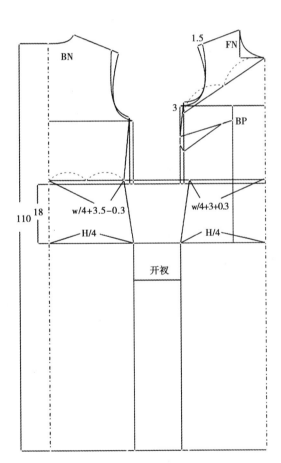
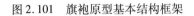

图 2.101　旗袍原型基本结构框架

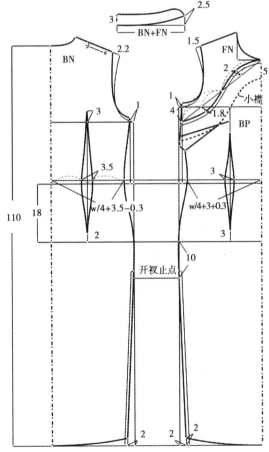

图 2.102　旗袍款式一结构完成图

●旗袍款式二

图 2.103　旗袍款式二

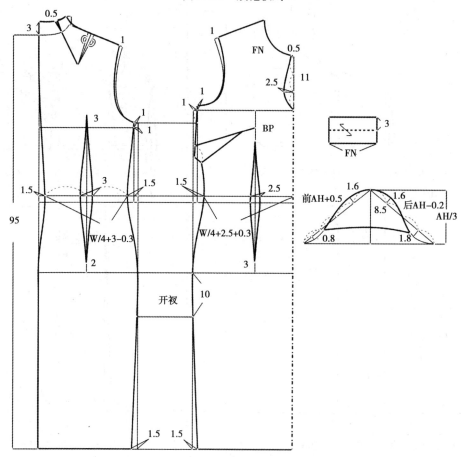

图 2.104　旗袍款式二结构图

2)礼服主题结构设计

礼服是一种特定的服装,也称为社交服。从礼服的形式上分,可划为两种,即正式礼服和非正式礼服;从穿着时间上分为,可分为夜礼服和昼礼服。根据不同的着装环境和不同的服用功能,礼服的造型特征也具有不同的风格,如婚礼服甜美喜庆、真诚纯洁;庆宴服高贵典雅等。礼服的造型有着很强的艺术感染力,表现出"软雕塑"服装的情趣和魅力。

主题系列设计说明:

①造型:礼服造型立体感强,在裁剪过程中,注重织物的品质、质量、结构、手感起到的重要作用。

②色彩:白色可塑性强,是在正规场合穿着的颜色。白色单纯却不单调,当把一些不同的白色并置时,它们之间的微妙差别就显而易见了。黑色它所表现的强烈内涵是多层面的,性感型的女性通过黑色使自己的诱惑变得更加不可抗拒;创造型的女性则善于让黑色展示自己的超凡绝伦。

③装饰:肌理的变化,利用面料的结节、浮线、规则与不规则的褶皱、凹凸、镂空、印花等,展现出具有同一色彩不同明度的效果,赋予单一的色彩以丰富变化。

④工艺:独特的斜体剪裁、螺旋式剪裁以及灵巧的工艺操作,更好地推广到礼服的设计中,去创造一个新的领域。

⑤面料选择:高档的丝绸、仿真丝、合纤维透明薄纱、蕾丝织物面料等。

⑥规格设计:号型160/84A,如表2.19所示。

表2.19　规格设计　　　　　　　　　　　　　　　　　　　　　　单位:cm

部　位	衣长 L	胸围 B	腰围 W	臀围 H	肩宽 S	袖长 SL	袖口宽 CW
规　格	98～103	92～94	70～74	96	38	52	/
档　差	2	4	4	4	1	2	/
备　注	根据具体款式选用相应的规格尺寸						

⑦制图要点:在原型基础上完成礼服款式的结构设计:款式一(图2.105)、款式二(图2.108)。

a.画原型基础结构线。

b.延长前后中心线,侧缝线至所需衣长。

c.根据款式修正侧腰及摆缝,并完成胸腰省与内部分割线的设计。

d.画顺外部轮廓线。

具体如图2.105至图2.109所示。

●礼服款式一

图 2.105　礼服款式一

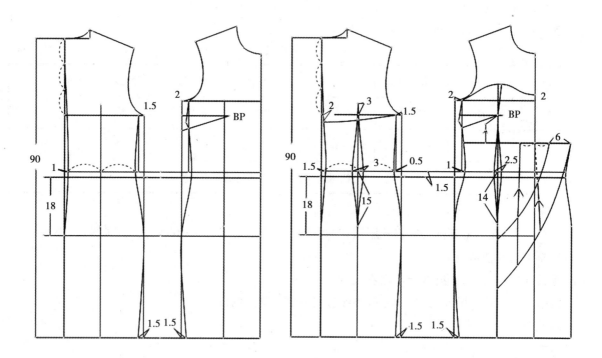

图 2.106　礼服款式一结构框架

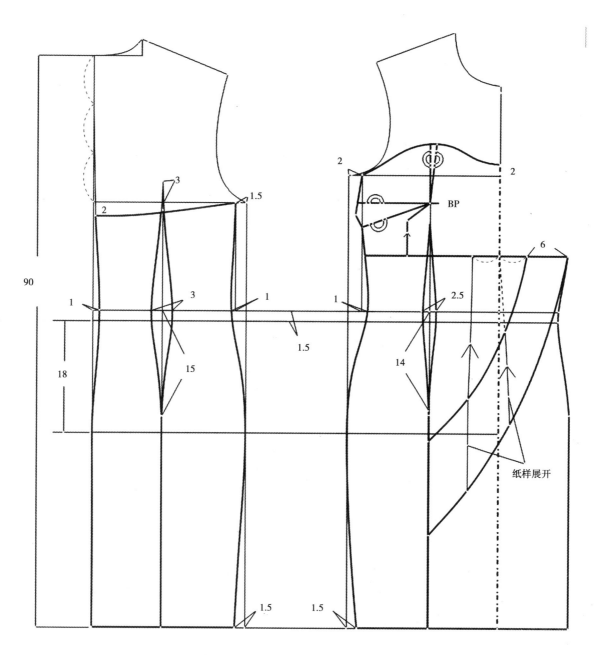

图 2.107　礼服款式一结构完成图

●礼服款式二

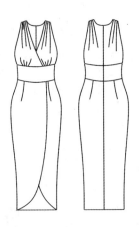

图2.108　礼服款式二

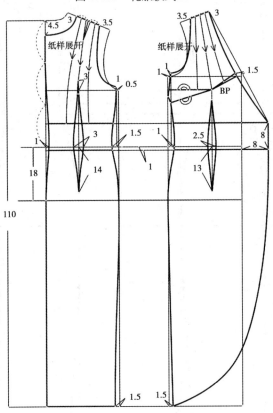

图2.109　礼服款式二结构图

 思考与实训题

1.根据量取自己的各部位净体规格尺寸,完成裙子、裤子不同版型的绘制。

2.掌握裙子、裤子廓型变化规律,运用基本纸样进行款式变化设计。

3.能够运用领子形成原理进行款式变化,完成立领版型、驳领版型设计与绘制。

4.试对一件连衣裙款式进行分析,完成该款式成品规格的设计。

5.根据某一主题活动,设计一系列女装4套,图纸尺寸统一为27 cm×40 cm,面料小样规格统一采用5 cm×5 cm,要求完成该系列款式的成品规格设置,并根据设置的规格完成系列款式的样板制作。

模块3
男装结构设计

■■■■■■

知识目标

了解男装构成因素的基本概念及其表现形式;了解男装的分类;掌握男装基本结构样板建立的条件与绘制方法。

技能目标

能够根据男装款式和工艺制作要求精湛的特点,对其衣身、衣领、衣袖结构设计进行分析,树立对男装款式的外部形态与内部结构的整体观念,确定各衣片平面结构转化为立体构成,制作板型样板,提升男装结构设计的质量,达到能力标准。

项目1　男装结构设计概述

任务1　熟悉男装结构设计要素

从男装服饰文化发展的历史及现代社会男子角色定位的影响来看,男装的造型样式规范性比较强,设计风格总体趋向于严谨、含蓄、庄重。因此,在结构设计中男装的视觉、心理上更加强调整体上的平衡感。这是因为男装的稳定性与和谐性,同时亦是一种心理上的需要。男装与女装相反,在造型和款式设计上变化较少,以稳中求变。但是制作工艺却比女装精细、考究,特别是正式、半正式的西装等礼仪服装,做工上要求精益求精,一丝不苟。男装在结构设计时,追求结构形态的大气之美,造型大气是一种抽象的审美感受,很难用具象的形状、造型来形容。这里说的大气是指造型所透露出来的一种气势、一种张力、一种对比、一种视觉上的冲击。因此,想要表现男装造型的大气,在结构设计时,对衣片形状、大小、位置以及线条刚柔、褶皱疏密等的把握,要遵循"虽弧犹直""虽小犹大""虽繁犹简"的原则,力求简练、顺畅、挺拔、舒展。[1]

任务2　掌握男装的特点

1) 男装的功能性

透过纷繁的时装现象不难发现,男士穿着的风格,感觉比女装来得严谨得多。近年来由于科学技术、材料科学特别是观念的不断更新进步,男装出现了自由简洁的趋势。男装造型风格和结构有着千丝万缕的联系,其技术本身具有"自律"的客观性,这就确定男装结构的保守性。西装作为男装最大类的品种,尽管还被保留着原来习惯的式样,但逐渐演变成为具有多功能的服装。特别是在20世纪80年代以后随着人们自由支配的时间增多和人们的日常活动日益多样化,男装也不再局限某一具体功能的服装了。如运动装、休闲装的设计,上衣的衣身结构较短且宽松,后背设有过肩分割线,领型为立领和立翻领,袖子装有袖克夫等,使人穿着活动方便舒适,因此,男装对时间、场合和目的性要求以及在选择材料、造型、结构和加工手段上更为明确。

男装设计的功能优先是由男性社会分工要求决定的。由于男性承担更多的社会活动、更多的体力劳动,因此相对而言,男装对于时间、场合和目的性的要求更为讲究。即便是强调合体设计的男装款式也必须充分重视功能性与审美性的高度统一。

[1]戴建国,等.男装结构设计[M].杭州:浙江大学出版社,2005.

男装功能性的特点其实最早是从军服外套演变而来的,军服的肩袢是为固定武装带,为防止脱落而设计;领袢和领带是作为防风雨保暖而设计;肩盖布只设在右肩,是因为男装搭门是左搭右,它可以和左搭门形成左右的重叠结构以防任何方向的风雨袭击;后披肩设计成悬空结构,使雨水不能很快渗入,显然这是一种仿生的设计。这种基本功能和形式保留至今。诚然,它以这种特有的使用功能,来传播着男士特有的信息。因此,作为男装设计,缺乏这种实用的功能意识是很难成功的。

2) 男装的程式化

男装较之于女装,款式变化缓慢,造型基本程式化,这点从男装的品类就可以看出来。现代男装基本上是沿袭着欧洲文明的发展而形成的,由于男士参加社会活动广泛,在装束上和装扮行为上都形成了深厚的积淀,逐渐确立为具有男士社会集团的约束力。这种程式化的特征体现在装扮行为和形式上,须遵循社会约定俗成的"规章"和"禁忌",以便让自己的行为举止和礼仪得到社会的认同,这也是男装程式化的社会心理因素。男性的服装消费行为目的性更强,更理智和自信,一般不易受到他人或流行广告的影响,这也强化了男装的程式化倾向。[1]

男装的程式化主要表现在以下几点:

①面料:男装面料多选用高支高密度织物,讲究质地结实硬朗,一般不用或少用低支疏松、柔软悬垂性好的织物。

②颜色:男装常选用素色为主,黑、白、灰、蓝为基本色调。

③款式:男装的整体造型相对而言比较固定,设计时注重细部变化和细节的功能性。

④结构:男装衣片结构基本稳定,衣身结构一般为三开身和四开身两种,领型一般是立领、翻领和驳领三类,袖型一般是衬衫、夹克常用一片袖、西装常用两片袖和运动装、外套常用的插肩袖三种类型。

⑤规格:由于男装设计注重功能性与审美性的高度统一,因此在男装规格设计时,在考虑服装机能性的前提下,一般多采用中庸的尺寸配置,而很少采用极长极短、极肥极瘦的极端尺寸配置。[1]

但是最近几年,很多服装设计师受到韩流的影响,试图对男装传统的着装理念和造型款式进行突破,提出"中性化""多元化"等主张,并且设计的男装款式结构有出现越来越强调合体性的修身剪裁趋势。这些主张和现象是对长期以来,传统男装的刻板、保守、暗淡、陈旧甚至是冷漠特征一统天下的一种反叛。随着消费者越来越个性化的消费喜好,男装也将出现款式造型"百家争鸣"的趋势。

3) 男装着装的严谨性

说到男装的严谨性,最具代表性的就是西服。可以说西服的着装常识和文化定义已经成为了国际常识。在世界经济文化紧密联系的社会大背景下,我国的男性着装礼仪标准也不可避免地受到了西方文化的影响。

西装穿着的礼仪标准与西装的造型样式是形影相随的。无论是正式西装还是运动型西装以及正式的礼服,单排扣形式都在一粒到三粒扣之间,在设计上几乎都没有超出这个形式范围。因为超出这个范围,就可能影响构成该装束的礼仪行为;穿两粒扣西装扣上面的一粒扣表示庄重,不系扣表示气氛随意;三粒扣西装扣上中间一粒或上面两粒为郑重,不扣表示融洽;一粒扣西装以系扣和不系扣区别郑重和不郑重。此外,两个纽扣以上的西装款式,忌讳系上全部的纽扣。双排扣西装可全部扣,亦可只扣上面一粒,表示轻松、时髦,但却不可不扣。

此外,西装和衬衫、领带、皮带、皮鞋等的整体搭配也十分讲究和严谨,这里不在累述。

任务3　掌握男装的种类

在现代社会的广泛社交活动中,人们在不同的时间、场合应该穿着不同的服装。根据不同活动领域的专用功能,男装的种类有:日常服装、正规制服、运动服、旅游服、居家服等,款式造型有 T 恤、衬衫、西装、西裤、马甲、夹克、牛仔裤、运动装、大衣、风衣、中山装、中式服装等,以满足人们生活节奏的日益加快和从事各种社会活动的需要。

项目2　男装结构设计分析

任务1　能够对男女体型特征进行比较与分析

1)男女体型比较(以标准体体型为依据)

(1)以男女体型绝对值作比较

①男子身高,女子身矮。

②男子肩宽,女子肩窄。

③男子胸部厚,女子乳房高。

④男子颈围粗,女子颈围细。

(2)以男女体型相对值作比较

①男子胸、腰、臀落差小,女子胸、腰、臀落差大。

②男子臀部窄而厚,女子臀部宽而圆。

2)男女体型特征的比较

男女体型特征的不同,必然引起基型结构的不同,以男女体型绝对值作比较,男装衣身基型各部位规格均比女装衣身基型各部位规格大。

①男装后腰节长于前腰节,女装前腰节比后腰节长一些。

②男装结构简单,女装结构复杂。

③男装一般无胸省,女装则设有多省。

④男装前后袖山高落差大,女装前后袖山高落差小。

⑤男装肩斜度是后斜前平,女装肩斜度是前斜后平。

具体如图 3.1、图 3.2 和图 3.3 所示。

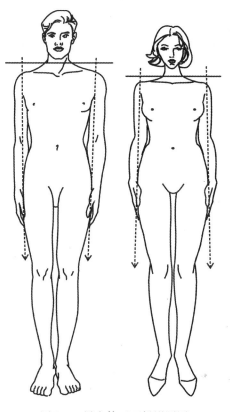

图 3.1 男女体正面投影图图

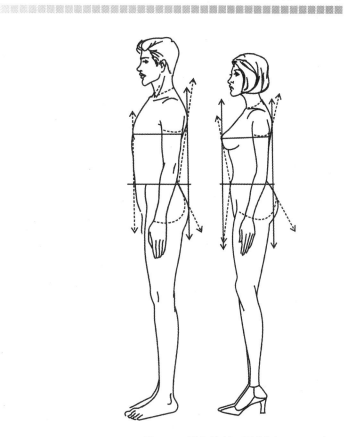

图 3.2 男女体侧面投影图

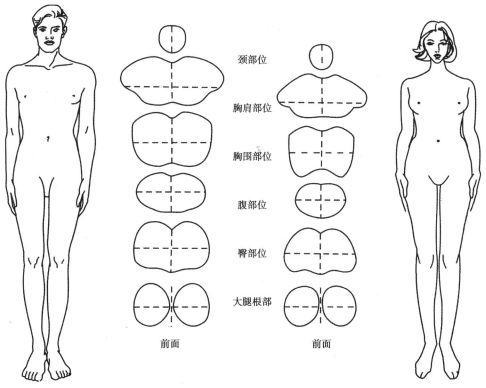

颈部位

胸肩部位

胸围部位

腹部位

臀部位

大腿根部

前面　　　　前面

图 3.3 男女体横截面图

任务 2　懂得男装成衣规格设计

　　成衣规格的设计,必须依据具体产品的款式与风格造型等特点,进行相应的规格设计。因此,规格设计是反映产品特点的有机组成部分,同一号型的不同产品,可以有多种的规格设计。对于成衣规格的设计,实际上就是对规定的各个控制部位的规格设计。上装的主要控制部位有衣长、胸围、总肩宽、袖长、领围等;下装的主要控制部位有裤长、腰围、臀围等。

　　服装成衣规格的获取方法主要有人体的测量、按号型规格推算、样衣实际的测量等方法所得到的。为了使学习和设计服装规格时有所依据,这里选用了最为常见的男装不同控制部位的参考规格,推荐给大家。如表3.1、表3.2 和表3.3 所示。

表3.1　男装长度规格设计　　　　　　　　　　　　　　单位:cm

衣长 L	袖长 SL	背长 BL
0.4 号 +4 ~6 cm(衬衫类)	0.3 号 +9 ~10 cm(衬衫类)	号/5 +8 cm
0.4 号 +6 ~8 cm(西装类)	0.3 号 +8 ~9 cm(西装类)	(注:该公式根据国家号型标准设定,身高每 ±5 cm,则背长 ±1 cm。)
0.4 号 +(-4 ~2)cm(夹克类)	0.3 号 +8 ~10 cm(夹克类)	如以身高 170 cm、175 cm 为例:
0.6 号 +15 ~20 cm(大衣、风衣类)	0.3 号 +10 ~11 cm(大衣、风衣类)	170/5 +8 =42,175/5 +8 =43

表3.2　男装肩宽及围度规格设计　　　　　　　　　　　　单位:cm

肩宽 S	胸围 B	腰围 W	臀围 H	领围 N
0.3B +14 ~15 cm (贴体风格)	0 ~12 cm (贴体风格)	B –≥18 cm (极卡腰)	B –4 cm 以上 (T 型风格)	0.25B +15 ~20 cm
0.3B +13 ~14 cm (较贴体风格)	12 ~18 cm (较贴体风格)	B –(12 ~18)cm (卡腰)	B –2 ~4 cm (H 型风格)	(注:B 是指净胸围。)
0.3B +12 ~13 cm (较宽松风格)	18 ~25 cm (较宽松风格)	B –(6 ~12)cm (较卡腰)	B +2 cm 以上 (A 型风格)	如有领围规格的可直接采用领围尺寸
0.3B +11 ~12 cm (宽松风格)	25 cm ~以上 (宽松风格)	B –(0 ~6)cm (宽腰)		

表3.3　男装肩斜度规格设计　　　　　　　　　　　　　单位:cm

西装类	衬衫类	夹克类
西装类肩斜度为40° (前18°,后22°)	衬衫类肩斜度为40° –2° =38° (前 19°、后 19°,为方便过肩拼合,前后斜度采用相同度数。)	夹克类肩斜度为40° –4° =36° (前 19°,后 17°)
注:男性一般体型的肩斜度平均值为22°,但不加垫肩时肩斜度平均值为20°(前 18°,后 22°)。在结构设计时,前后肩斜度可根据相应款式肩线的造型调整,但应保证肩斜平均值不变。		

　　注:以上提供参考的3 个规格设计表格数据,在实际的运用中,要注意结合具体的款式、风格、年龄等的定位,灵活使用。

任务3 掌握男装衣身结构设计

1）男装衣身基本型

（1）规格设计

男装衣身规格设计如表3.4所示。

表3.4 规格设计 单位:cm

号 型	胸围 B	背长 BL
170/92A	112	42

（2）制图要点

第一,本书男装衣身基本型是以西装为代表的驳领结构进行设计的,须在前衣片门襟撇胸1.7 cm,使其前领宽比后领宽更大。

第二,男装基本型的胸围放松量为20 cm。

第三,本书男装肩斜度的设计直接采用角度法。前肩斜采用18°、后肩斜采用22°。男装基本型前肩要比后肩平。（注:如果没有量角器,也可以采用比值法。）

如:前肩斜18°≈15:5、后肩斜22°≈15:6。

（3）制图方法、公式及说明

制图方法、公式及说明如表3.5和图3.4所示。

表3.5 男装衣身基型法与男装原型法制图公式比较 单位:cm

序 号	部 位	基型法制图公式	原型法制图公式	备 注
1	身宽	$B/2$ （B 为成品尺寸）	$B/2 + 10$ （B 为净胸围）	基型法采用加放宽松量后的胸围,原型法采用净胸围
2	背长	42 或:号/5 + 8	42	可直接查用国家号型标准
3	袖深	$1.5B/10 + 8$	$B/6 + 7.5$	我国男性胸围与袖深点增减比例约为10:1,基型法公式设置为1.5B/10 + 8,即胸围 ± 4 cm,袖深点 ± 0.6 cm
4	后领深	2.5	后领宽/3	基型法后领深量采用常量2.5 cm
5	后领宽	$B/10 - 2$	$B/12$	二者公式采用相同胸围数值计算,误差为0.1 cm,基本忽略不计
6	肩宽	$S/2 + 0.5$	\	后肩线加0.5的吃势量,其作用与肩省相同
7	后肩斜	22°	\	
8	背宽	$1.5/10B + 5$	$B/6 + 4.5$	

续表

序号	部 位	基型法制图公式	原型法制图公式	备　注
9	撇胸	1.7	\	一般撇胸量为 1.7 ~ 2 cm
10	前领宽	后领宽 − 0.5	胸宽的 1/2	
11	前领深	同后领深	同后领深	
12	前肩斜	18°	\	
13	胸宽	1.5B/10 + 4	B/6 + 4	

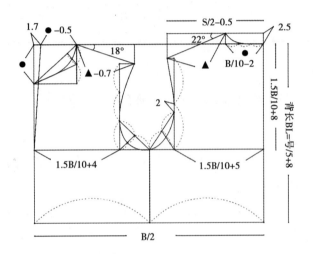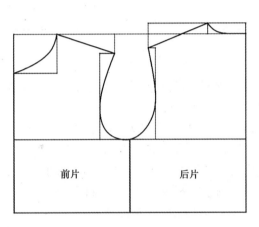

图 3.4　男装衣身基本型结构制图

任务 4　掌握男装衣袖结构设计

1) 男装袖子基本型

(1) 规格设计

男装袖子基本型规格设计如表 3.6 所示。

表 3.6　规格设计　　　　　　　　　　　　　　　　　　　单位:cm

袖长 SL	袖口 CW	袖窿弧长 AH
62	15	50

(2) 制图要点

第一,本书男装袖子基本型是在男装衣身基本型结构制图完成后的基础上进行设计的。

第二,本书男装袖子基本型与传统基型法及原型法的制图方法都不相同。

第三,本书男装衣身基本型与男装袖子基本型的对位点设置了 7 个对位点,使袖山与袖窿的配合关系更为科学、合理。

（3）制图方法、公式及说明

制图方法、公式及说明如表3.7和图3.5所示。

表3.7　男装袖子基型法制图公式　　　　　　　　　　　　　　　　　单位：cm

序　号	部　　位	基型法制图公式	备　　注
1	袖山高	AH/3 + 0.5	\
2	袖宽	AH/2 + 0.3	\
3	袖长	62	\
4	袖口	15	\
5	小袖上平线 bC	BL 至 BNP 距离的中点做水平线 bC	\
6	A	切点	A 点为胸宽线与袖窿弧线的切点
7	B \ b	AB = 弧长 Ab + 0.5	袖山 B 点与袖窿 b 点为缝袖对合点
8	S \ s	S 为 1/2 袖宽,s 为前后衣身肩端点	袖山 S 点与袖窿 s 点为缝袖对合点
9	C \ c	小袖上平线	袖山 C 点与袖窿 c 点为缝袖对合点
10	D \ d	背宽线向上 6 cm 做水平线	袖山 D 点与袖窿 d 点为缝袖对合点
11	E \ e	D 点向下 1 cm 做水平线	袖山 E 点与袖窿 e 点为缝袖对合点
12	F	衣身袖深点	F 点为缝袖对合点

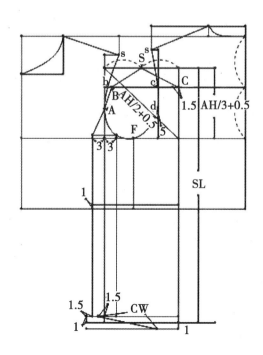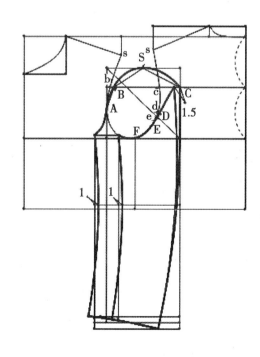

图3.5　男装袖子基本型结构制图

（4）衣身基本型与袖子基本型的缃袖对合点设计

衣身基本型与袖子基本型的缃袖对合点设计如表3.8所示。

表3.8　衣身基本型与袖子基本型的缃袖合点设计

对合点数量	1	2	3	4	5	6	7
袖窿对合点	A	b	s	c	d	e	F
袖山对合点	A	B	S	C	D	E	F

说明：基本型框架的缃袖对合点设计为7对，这样可简化西装的缃袖工艺，但却提高了缃袖的精确性，如图3.6所示。

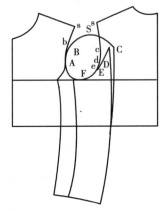

图3.6　衣身基本型与袖子基本型的对合点设计

任务5　掌握男装结构设计的变化

1）衣身结构变化

衣身是由不同数量的衣片构成的，这些衣片的围度（胸围线）在通常情况下是大体相等的，每一衣片的围度所占胸围的比例数，是进行衣身结构分类的依据。根据每一衣片的围度所占胸围的比例数，把衣身分为两大类，即三开身结构和四开身结构。

三开身结构设计，是指每一衣片的围度占胸围的1/3。一般适合于西装、中山装等。

四开身结构设计，是指每一衣片的围度占胸围的1/4。一般适合于衬衫、夹克等。

这两种衣身结构是男装衣身最为基本的结构形式，它们的区别主要是将四开身的后衣片的侧缝合并到前衣片里，其胸围都是不变的，如图3.7所示。

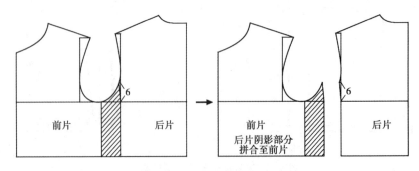

图3.7　四开身结构转化为三开身结构

2）撇胸设计

　　撇胸是通过 BL 以上部分的前中线倾倒，局部相对增大胸部围度，提高前衣片穿着合体性的设计方法。男子体型前胸与铅垂线存在一个夹角，正常男性的胸斜度角约为20°，如图 3.8 所示。其中 1/2 用作胸省设计，另外 1/2 用作撇胸设计。因为 1/4 的前衣片胸斜度角为5°，所以，一般撇胸量设为 1.7 ~ 2 cm，如图 3.9 所示。

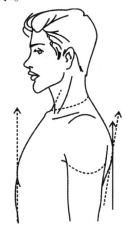

图 3.8　男子体型胸斜度

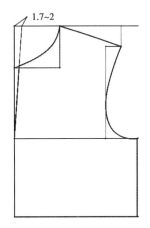

图 3.9　撇胸结构示意图

　　撇胸的作用是为了满足人体胸斜度的需要，改善前衣片穿着的合体性，同时用来调整前衣身肩宽的尺寸，以避免合体男装前襟的"起吊"现象。西服类的撇胸量是隐藏在翻驳领里的，外观上是看不见的。中山装、青年装、唐装等立领或立翻领的上装的撇胸是在外观上是可以看得见的。但对于有些面料有明显条格的衬衫款，一般不宜设计撇胸。

3）领围结构设计

　　基型法的后领宽公式一般采用 N/5。

　　如果没有领围尺寸时，后领宽也可以采用 B/20 + a（a 为常数，立领为 3 cm，翻领为 3.3 cm，翻驳领为 3.6 cm 左右。）

　　在实际的运用中，a 的数值还应根据具体的款式造型来灵活变动。比如同样是翻驳领，在西装类款式的翻驳领中，a 采用 3.6 cm 左右，即 B/20 + 3.6。而大衣类款式的翻驳领则要适当再加大一些，a 可采用 3.9 cm 左右，即 B/20 + 3.9。因为大衣是穿在西装外面的，所以其领围尺寸要更大一些。

4）肩部结构设计

　　男装的肩部一般来说，前肩斜度较平，后肩斜度较斜，缝合后肩点偏向后背，这样可以产生视错觉，使肩部看起来更平更宽，符合男性形体美的要求。西装、中山装的肩线不是平的，前肩线稍凸，后肩线稍凹，也是为了修饰肩部造型。

　　男性一般体型的肩斜平均值为22°，但不加垫肩时肩斜平均值为20°。前后衣片的肩斜可根据具体的款式造型、风格定位、面料质地等因素灵活调整，但应保持相应款式的肩斜平均值不变。

　　本书男装基本型肩斜度的设计直接采用角度法。前肩斜采用18°、后肩斜采用22°。不同款式的具体肩斜度数值请参考男装规格设计部分的表 3.3 男装肩斜度规格设计。

5）袖山结构设计

　　在设计袖山的高度、宽度时，一般都是以袖窿弧长（AH）作为参考的。因为，袖子是与衣身的袖窿缝合的，而在结构设计制图时，已经先画出了衣身的结构，可以直接测量袖窿弧长（AH）的数值。在 AH 数值已定的前提下,袖山高度与袖宽成反比,即袖山越高,袖宽越小;反之,袖山越低,袖宽越大。

本书中,袖山高公式都采用 AH 的数值来计算,根据具体的款式,袖山高公式会有一些相应的变化。衬衫类和夹克类都采用测量的前 AH、后 AH 的数值来控制袖宽。

①西装、大衣、中山装、青年装袖山高采用公式:AH/3 + 0.5 cm。

②衬衫类袖山高采用公式:B/10。

③夹克类袖山高采用公式:B/10 + (1~3)cm。

项目3 男装系列整体结构设计与实训

男装市场整体上更趋于保守,虽然有凸显季节性的产品路线,但是其变化还是很细微的。总体来说,男性不会像女性那样购买许多流行的式样,而是会在自己的衣橱里保留一些更为经典的单品,总而言之,这类服装的销量会比女装略逊一筹。

任务1 男衬衫系列结构设计与实训

衬衫从分类上说属于内衣范畴,因此在款式设计和结构设计时,相对于舒适性、机能性而言,应更侧重于合体性、美观性。按照穿着场合、礼仪级别的划分,男士衬衫分为礼服衬衫、普通衬衫和外穿衬衫。其中,礼服衬衫和普通衬衫是具有和西装、裤子严格搭配关系的内穿衬衫,属于内衣类。而外穿衬衫则属于户外服类。两种类型,一类是内穿型,一类是外穿型。但是它们的形态都是基本固定的。可以说,衬衫在男装结构中是最稳定的,普通衬衫和礼服衬衫在整体上的版型是基本相同的。只是在领型、前胸和袖头有所不同。

男衬衫因为结构比较稳定,所以款式变化有限,在外轮廓上一般分为圆摆和直摆两种。而衬衫款式变化常见的设计元素有:领型、门襟、腰部、袖型、肩型、后背、口袋、下摆等,如图3.10 和图3.11 所示。

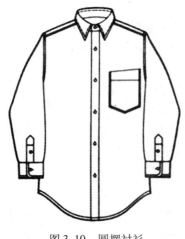

图 3.10 圆摆衬衫

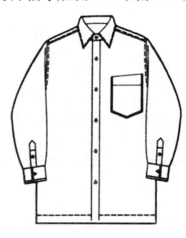

图 3.11 直摆衬衫

主题系列设计说明：

①造型：外部廓形一般设计成自然形的、长方形的、梯形的结构,衬衫款式大致是定型的。

②色彩：经典的白色正装衬衫,毋庸置疑是男人的绝对必需品,搭配任何颜色的西装,都能相得益彰,给人朝气、干净、干练之感。当今,蓝色衬衫也已经成为职场男士们的又一重要性选择,其重要性几乎与白衬衫并驾齐驱。当然,如果追求个性风格,就可以选择其他如灰色、褐色、粉色的浅色系衬衫。

③装饰：线与线之间、直线与曲线组成的面,都体现了男士的热情奔放和积极向上的人生态度。

④工艺：在领口、门襟、过肩、口袋等部位均可采用印花或绣花或拼接的形式,产生工艺多立体的效果。

⑤面料选择：面料以轻、薄、软、爽、挺、透气性好较理想,如精梳全棉、仿真丝绸、仿麻丝面料、棉、高性能纤维面料。

⑥规格设计：号型170/92A,具体如表3.9。

表3.9　规格设计　　　　　　　　　　　　　　　　　　单位:cm

部　位	衣长 L	胸围 B	肩宽 S	袖长 SL	袖口 CW	领围 N
规　格	72	108	46	59	24	40
档　差	2	4	1.2	1	0.5	1

⑦制图要点：

a.从框架到结构：款式一(图3.13)、款式二(图3.15)、款式三(图3.17)、款式四(图3.19),其中基本款式框架结构如图3.12所示。

b.衣身：四开身结构。

c.衣领：可选择采用立翻领、单立领、翼领。

d.袖型：一片袖。

具体如图3.12至图3.20所示。

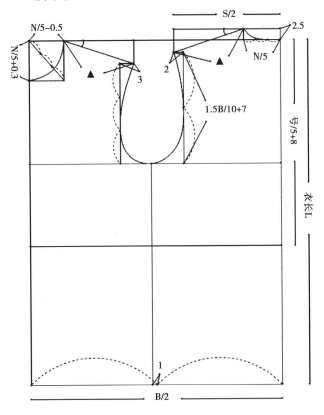

图3.12　衬衫基本款式框架结构

●衬衫款式一

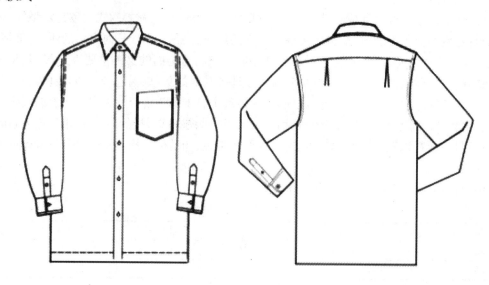

图3.13　衬衫款式一

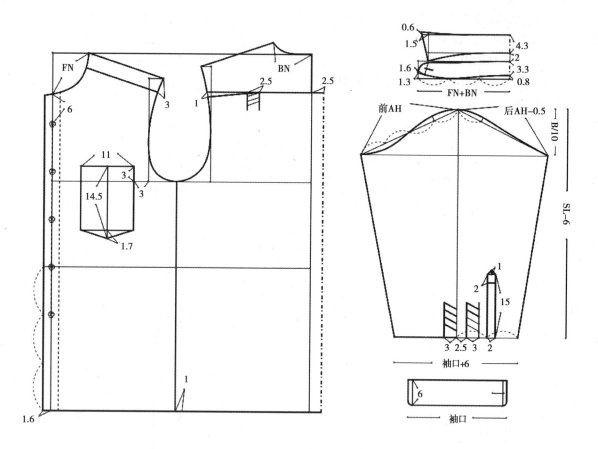

图3.14　衬衫款式一结构图

●衬衫款式二

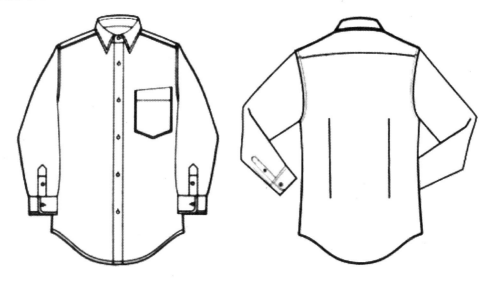

图 3.15 衬衫款式二

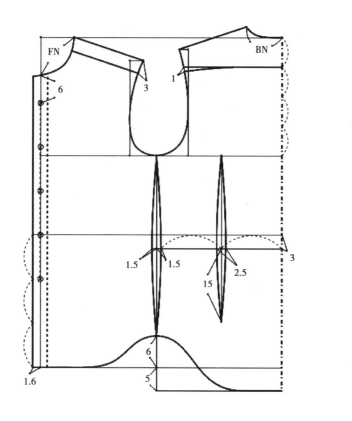

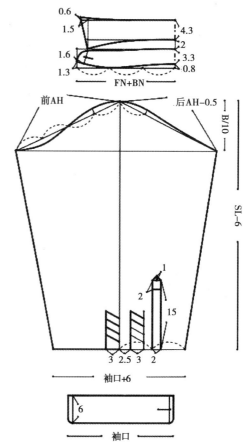

图 3.16 衬衫款式二结构图

●衬衫款式三

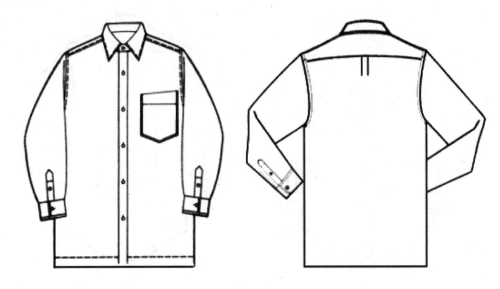

图 3.17　衬衫款式三

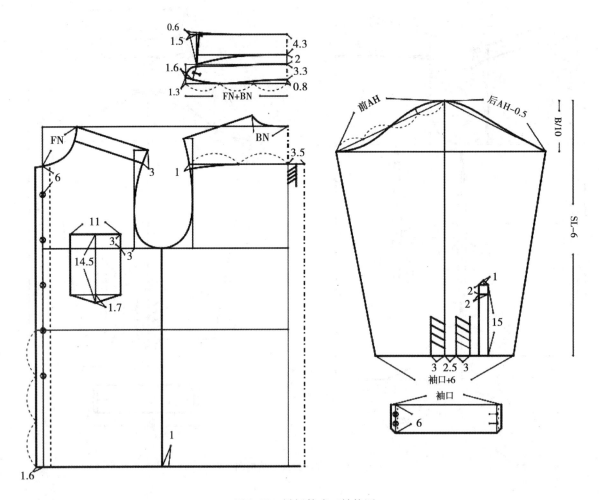

图 3.18　衬衫款式三结构图

●衬衫款式四

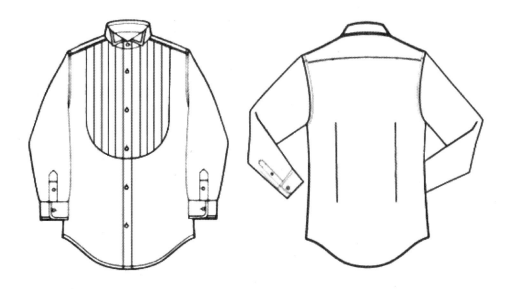

图3.19　衬衫款式四

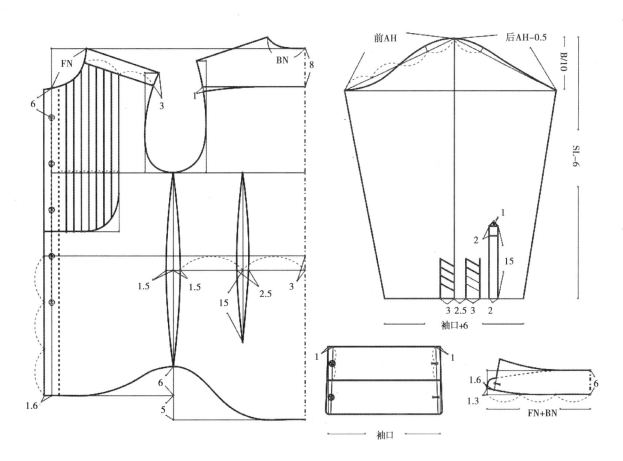

图3.20　衬衫款式四结构图

任务 2　男西装系列结构设计与实训

服装的整体造型变化主要是通过胸围、腰围、臀围的宽松量及衣长的增减,再配合面料、辅料来实现的。而西装的造型主要是根据肩宽、胸围、腰围、臀围四位一体的比例关系,可归纳为 H 型(较贴体型)、X型(贴体型)、T 型(较宽松型)。在进行西装结构设计时,要结合外轮廓造型来设计关键部位的尺寸。

主题系列设计说明:

①造型:西装造型一般可分为 H 型(较贴体型)、X 型(贴体型)、T 型(较宽松型)。

②色彩:经典西装只有深灰色、藏青色、黑色。现代西装颜色的选择稍微多了一些,但是仍以深色调为主。浅灰、米黄、铁锈、墨绿、钴蓝、浅咖、淡紫等,只要搭配得当,能让男人看起来充满朝气,此外还有各式各色的格子花色,英伦风格的方格、碎花纹等。

③面料选择:西装面料是决定西装档次的重要标志,西装一般以毛织物为主,具有代表性的面料有:华达呢、哔叽、花呢、法兰绒、麦尔登、波拉呢、马海毛织物、细斜纹棉布、灯芯绒、绉条纹薄织物、亚麻布等。

④规格设计:号型 175/92A(L),如表 3.10 所示。

表 3.10　规格设计　　　　　　　　　　　　　　　单位:cm

部　　位	衣长 L	胸围 B	肩宽 S	袖长 SL	袖口 CW
规　　格	76	110	47	60.5	30
档　　差	2	4	1.2	1	0.5

④制图要点:

a.从框架到结构:款式一(图 3.22)、款式二(图 3.24)、款式三(图 3.26)、款式四(图 3.28),其中西装基本款式框架结构如图 3.21 所示。

b.衣身:三开身结构。

c.衣领:可选择采用平翻领、戗驳领、青果领。

d.袖型:两片袖。

具体如图 3.21 至图 3.29 所示。

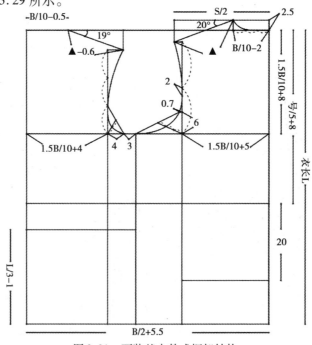

图 3.21　西装基本款式框架结构

●西装款式一

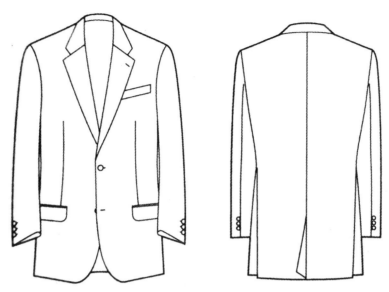

图 3.22 西装款式一

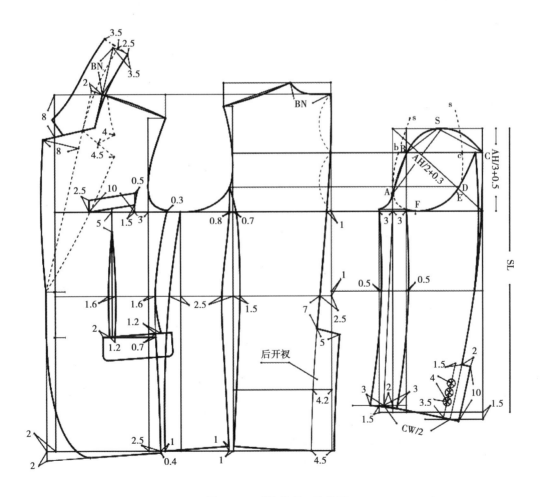

图 3.23 西装款式一结构图

● 西装款式二

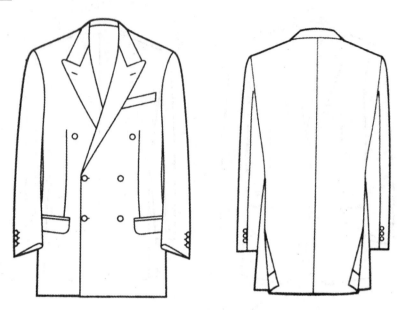

图 3.24　西装款式二

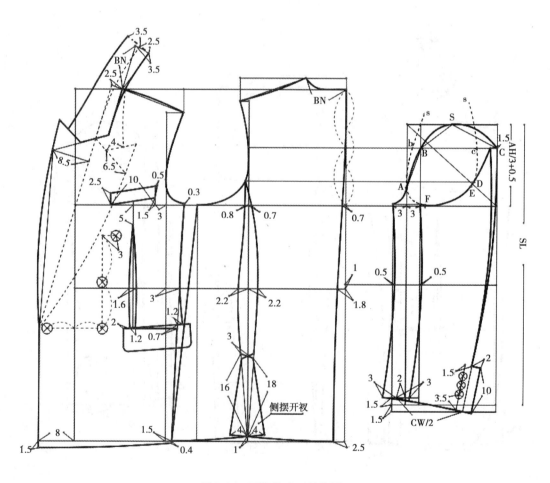

图 3.25　西装款式二结构图

●西装款式三

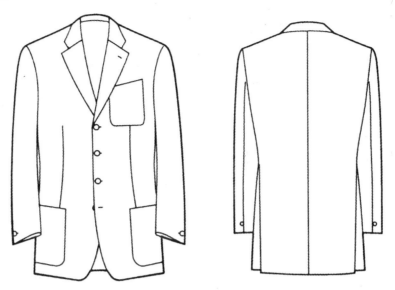

图3.26　西装款式三

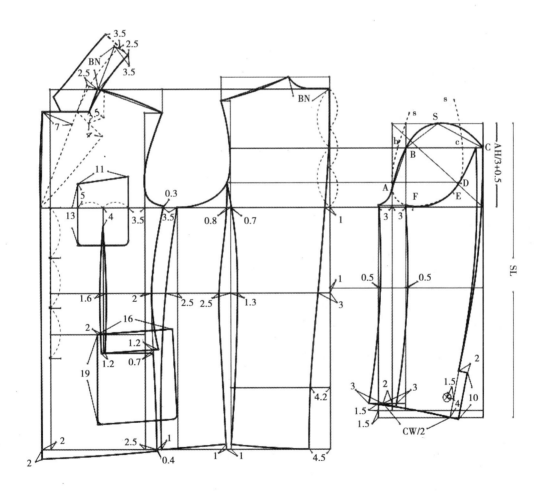

图3.27　西装款式三结构图

●西装款式四

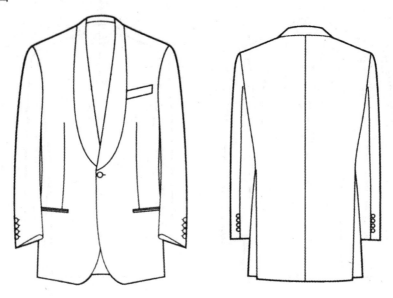

图 3.28　西装款式四

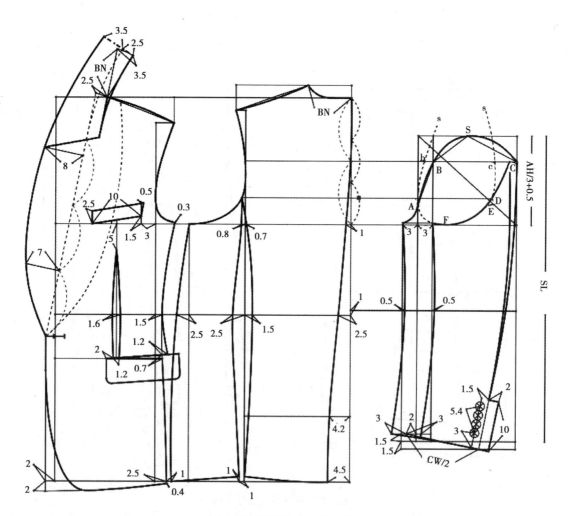

图 3.29　西服款式四结构图

任务3　休闲装系列结构设计与实训

休闲装起源于美国,最早首推布制的牛仔裤、衬衣、夹克。第二次世界大战后,经美国娱乐明星大肆推广,休闲装逐为欧美人所接受,并在20世纪90年代形成不可阻挡的时尚潮流。随着服装界风尚的流行,休闲装越来越趋向于流行、时尚、前沿。休闲装之所以能迅速崛起并深受大众的喜爱,在于它强调了对人及其生活的关心,并参与到人们改造现代生活方式的活动中,使人们在一些场合和时间里,摆脱工作、生活等的压力。而其简洁的款式特点,则推动了人们对淳朴自然之风的向往。

主题系列设计说明:

①造型:外部廓形一般根据分类或款式要求设计成O型、T型、H型等。

②色彩:休闲装因为分类多,颜色上也是比较丰富,一般多用黑色和中间色调;常见的有4大色系:蓝色系(包括黑色、冷色调)、棕色系(暖色调)、五彩色系(运动装多用)、浅淡色系(春夏装多用)。

③面料选择:休闲装常用的天然纤维面料有棉、麻、丝、再生纤维素纤维(如粘胶纤维);开司米、亚麻和丝绸等混纺面料及全棉与涤纶人造丝或弹性丝混纺的面料也是职业休闲装的较佳选择。

④制图要点:

a.从框架到结构:款式一(图3.30)、款式二(图3.33)、款式三(图3.36)、款式四(图3.39)。

b.衣身:三开身结构。

c.衣领:可选择采用平翻领、戗驳领、青果领。

d.袖型:两片袖、插肩袖。

具体如图3.30至图3.41所示。

●夹克款式一

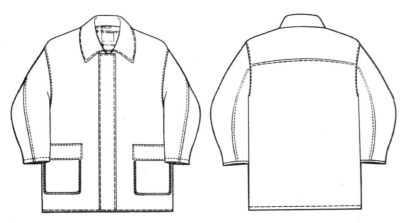

图3.30　夹克款式一

夹克款式一的规格设计如表3.11所示。

表3.11　号型175/92A(L)规格设计　　　　　　　　　　　单位:cm

部　位	衣长 L	胸围 B	肩宽 S	袖长 SL	领围 N
规　格	76	130	54	61	46
档　差	2	4	1.2	1	1

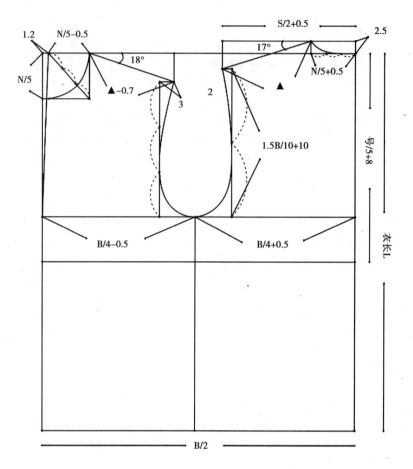

图3.31　夹克款式一基本框架结构

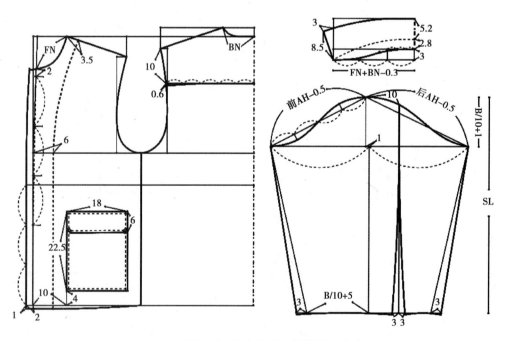

图3.32　夹克款式一结构图

●夹克款式二

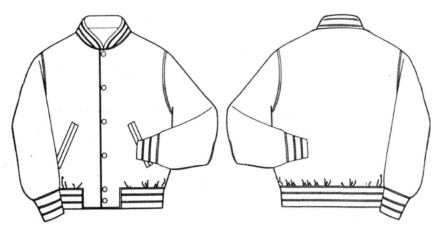

图3.33 夹克款式二

夹克款式二的规格设计如表3.12所示。

表3.12 号型175/92A(L)规格设计 单位:cm

部 位	衣长 L	胸围 B	肩宽 S	袖长 SL	袖口 CW	领围 N
规 格	62	112	48	63	24	44
档 差	2	4	1.2	1	0.5	1

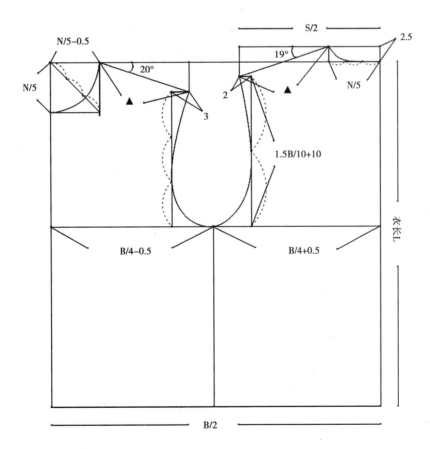

图3.34 夹克款式二基本框架结构

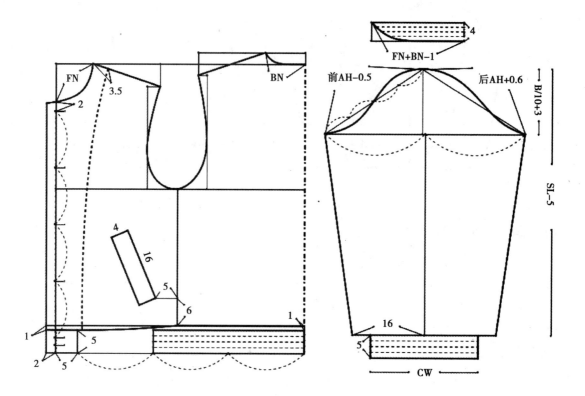

图 3.35　夹克款式二结构图

●夹克款式三

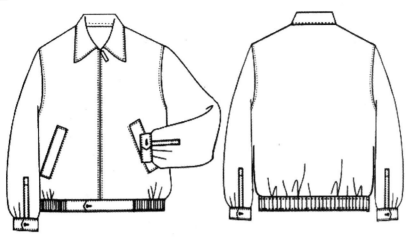

图3.36　夹克款式三

夹克款式三的规格设计如表3.13所示。

表3.13　号型175/92A(L)规格设计　　　　　　　　　单位:cm

部　位	衣长L	胸围B	肩宽S	袖长SL	袖口CW	领围N
规　格	66	122	52	61	30	44
档　差	2	4	1.2	1	0.5	1

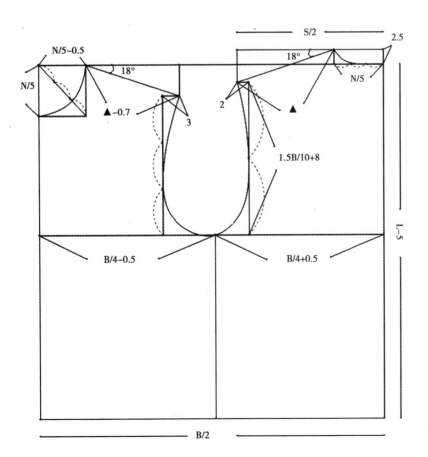

图3.37　夹克款式三基本框架结构

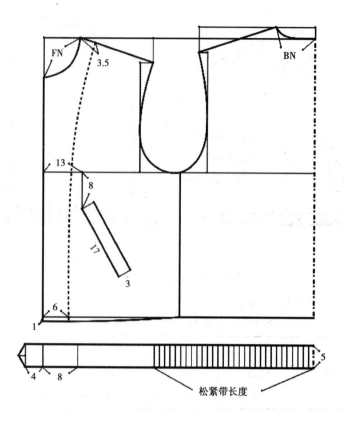

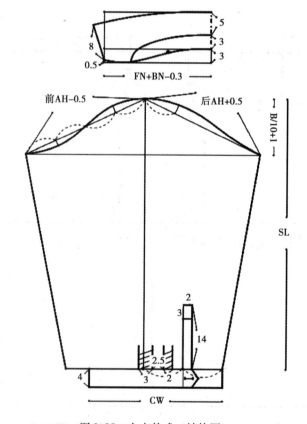

图 3.38　夹克款式三结构图

●夹克款式四

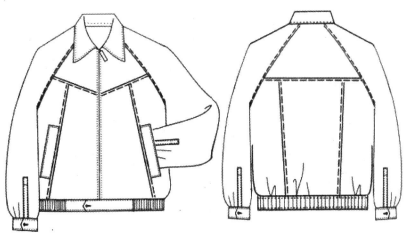

图 3.39 夹克款式四

夹克款式四的规格设计如表 3.14 所示。

表 3.14 号型 175/92A(L)规格设计   单位:cm

部 位	衣长 L	胸围 B	肩宽 S	连肩袖 SL	袖口 CW	领围 N
规 格	66	112	48	80.2	30	44
档 差	2	4	1.2	1	0.5	1

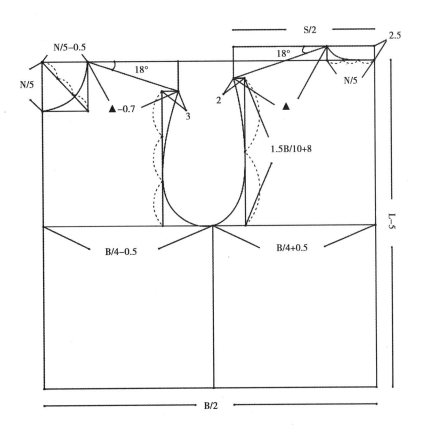

图 3.40 夹克款式四基本框架结构

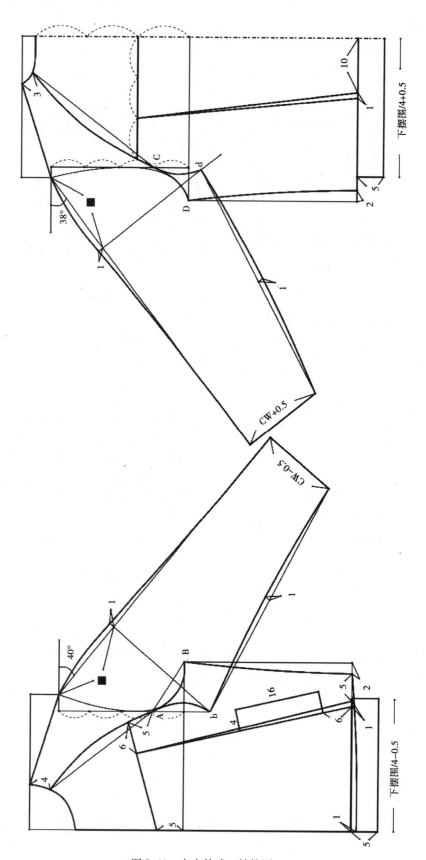

图 3.41 夹克款式四结构图

任务4　大衣、风衣系列结构设计与实训

　　大衣、风衣是男性日常外套的基本品种。从结构设计上看,大衣与风衣的衣身、领子、袖子的结构大同小异,有时同样的款式选用中厚面料制作就是大衣,若采用薄型面料制作则为风衣,因此很难从衣片的结构形态角度来说明二者的不同。所以,我们将大衣、风衣作为一个大类进行结构设计。

　　大衣、风衣的设计中,特别强调功能性设计。其中最有代表性的经典样式有巴尔玛大衣、堑壕式衣、达夫尔外套。如今的男式大衣、风衣除了保留其功能性设计外,有些外套还被用作礼仪场合甚至是时尚场合的着装。

　　主题系列设计说明:

　　①造型:男大衣按结构形态,可分为三开身收腰型大衣和四开身直筒型大衣。三开身大衣经典的有柴斯特大衣,四开身大衣经典的有巴尔玛大衣、堑壕式风衣等。按衣长可分为长大衣、中大衣、短大衣。长大衣一般过膝盖,中大衣一般长及膝盖,短大衣一般长至大腿中部。

　　②色彩:喜欢大衣、风衣的男士应根据自身喜好来选,一般选择颜色较深沉的较好,如黑、灰色系。但近些年来,一些比较亮丽的色彩也占有一席之地。

　　③面料选择:常见的大衣有呢大衣,一般采用厚型呢料(包括华达呢、哔叽、花呢、凡立丁、板司呢等),还有用动物毛皮做的裘皮大衣(包括貂皮、狐狸皮、羊皮、兔皮、水獭皮、狗皮等),此外还常见棉大衣和羽绒大衣。

　　④制图要点:

　　a.从框架到结构:款式一(图3.42)、款式二(图3.45)、款式三(图3.48)、款式四(图3.51)。

　　b.衣身:三开身结构。

　　c.衣领:可选择采用平翻领、立翻领、翻领、连帽领。

　　d.袖型:可根据款式选用两片袖、插肩袖。

　　具体如图3.42至图3.53所示。

　　●大衣款式一(柴斯特大衣)

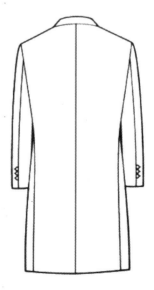

图3.42　大衣款式一(柴斯特大衣)

大衣款式一的规格设计如表 3.15 所示。

表 3.15　号型 175/92A(L)规格设计　　　　　　　　　　单位:cm

部　位	衣长 L	胸围 B	肩宽 S	袖长 SL	袖口 CW
规　格	105	116	48	63	34
档　差	2	4	1.2	1	0.5

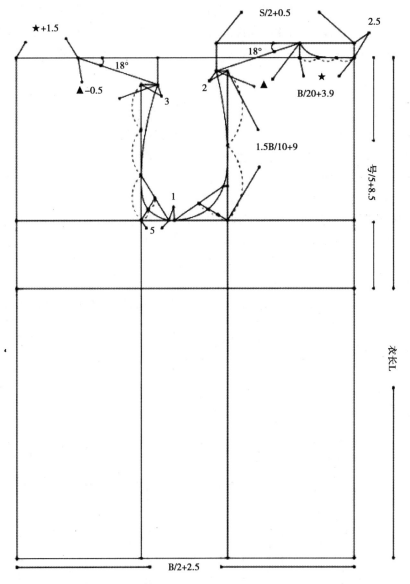

图 3.43　大衣款式一(柴斯特大衣)基本框架结构

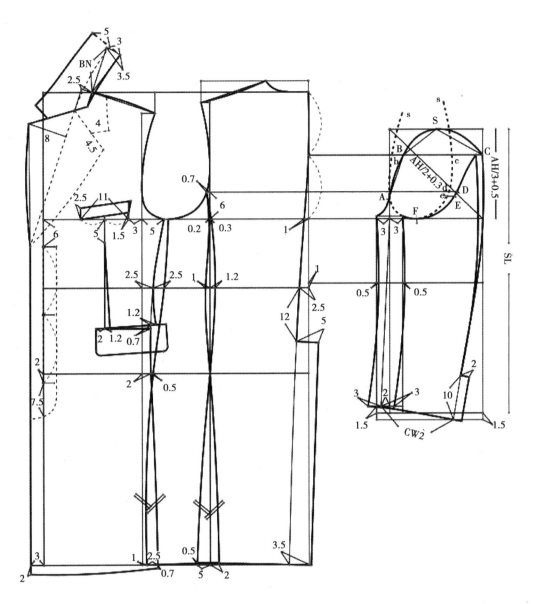

图3.44 大衣款式一(柴斯特大衣)结构图

● 大衣款式二（堑壕外套）

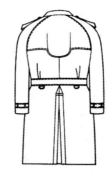

图 3.45   大衣款式二（堑壕外套）

大衣款式二的规格设计如表 3.16 所示。

表 3.16   号型 175/92A（L）规格设计   单位：cm

部　位	衣长 L	胸围 B	肩宽 S	袖长 SL	领围 N
规　格	105	124	51	62.5	47
档　差	2	4	1.2	1	1

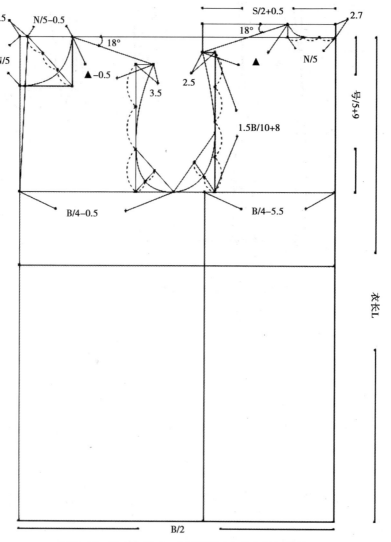

图 3.46   堑大衣款式二（堑壕外套）基本框架结构

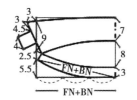

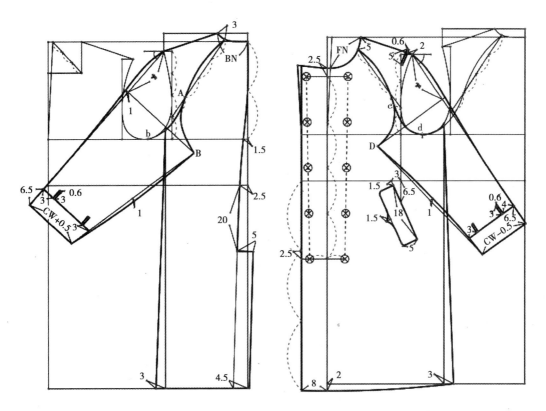

图 3.47　大衣款式二(堑壕外套)结构图

●大衣款式三(前装后插肩袖大衣)

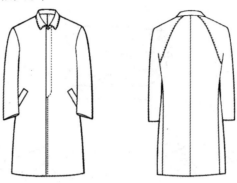

图 3.48 大衣款式三(前装后插肩袖大衣)

大衣款式三的规格设计如表 3.17 所示。

表 3.17 号型 175/92A(L)规格设计 单位:cm

部 位	衣长 L	胸围 B	肩宽 S	袖长 SL	袖口 CW
规 格	105	116	48	63	34
档 差	2	4	1.2	1	0.5

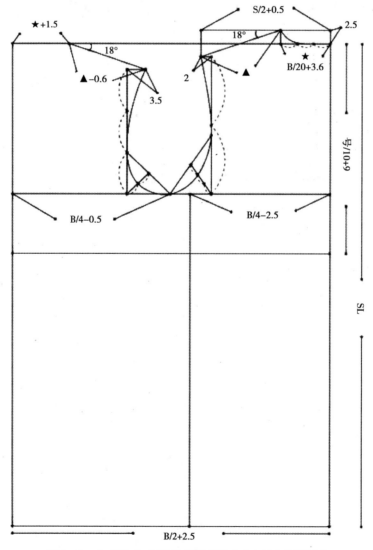

图 3.49 大衣款式三(前装后插肩袖大衣)基本框架结构

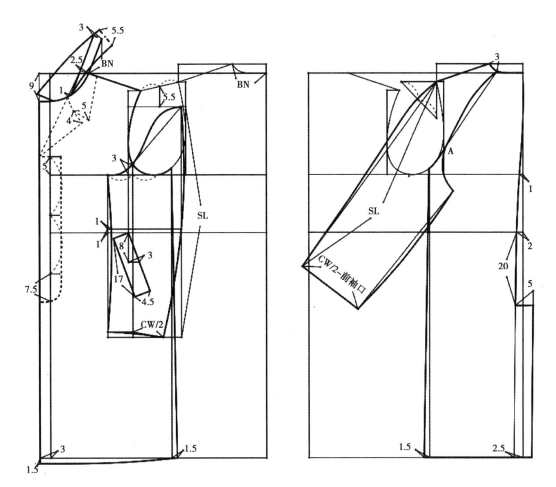

图 3.50 大衣款式三(前装后插肩袖大衣)结构图

●大衣款式四（达夫尔大衣）

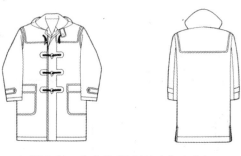

图 3.51　大衣款式四（达夫尔大衣）

大衣款式四的规格设计如表 3.18 所示。

表 3.18　号型 175/92A（L）规格设计　　　　　　　　　　单位：cm

部　位	衣长 L	胸围 B	肩宽 S	袖长 SL	领围 N
规　格	96	116	47	63	47
档　差	2	4	1.2	1	1

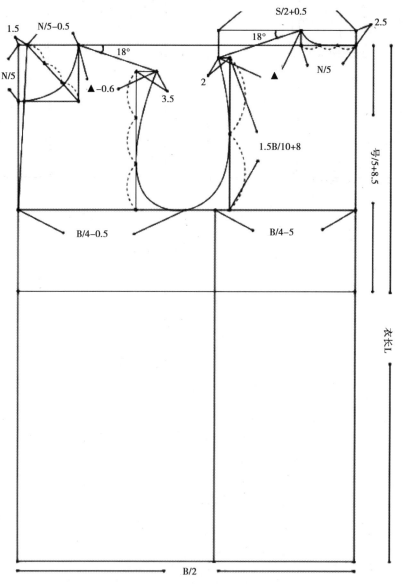

图 3.52　大衣款式四（达夫尔大衣）基本框架结构

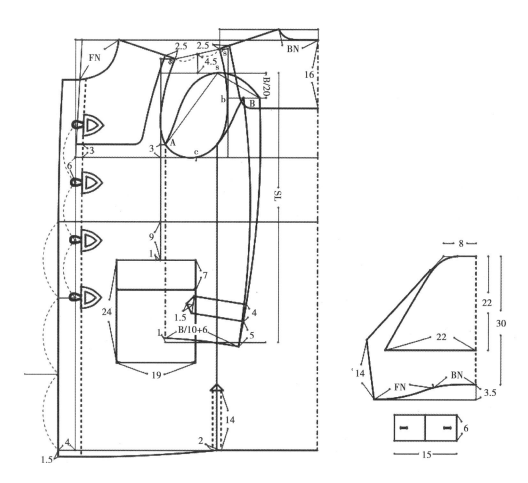

图 3.53 大衣款式四(达夫尔大衣)结构图

任务5 综合元素主题结构设计与实训

在消费者越来越注重个性形象的今天,设计师开始构思在一些经典款式的基础上,加入一些流行元素,我们将这种方式称为综合元素变化。在这种前提下,结构设计也相应地需要进行综合元素主题结构设计训练。这里将传统中山装、青年装等结合现代穿着流行趋势,在结构设计方面加以改良,并以西装结构为主体,结合中式立领,设计一些综合元素主体的款式。

主题系列设计说明:

①色彩:中山装、青年装以黑、灰、深蓝色系为主,还有驼色、灰绿、米黄色可选。

②面料选择:中山装宜选用纯毛华达呢、驼丝锦、麦尔登、海军呢等。青年装可选用西装类面料。

③制图要点:

a.从框架到结构:款式一(图3.54)、款式二(图3.57)、款式三(图3.60)、款式四(图3.63)。

b.衣身:三开身结构。

c.衣领:可根据款式选择采用立翻领、立领、戗驳领。

d.袖型:两片袖。

具体如图3.54至图3.65所示。

●款式一（中山装）

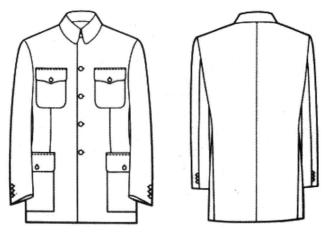

图3.54　款式一（中山装）

款式一的规格设计如表3.19表示。

表3.19　号型175/92A（L）规格设计

单位：cm

部　位	衣长 L	胸围 B	肩宽 S	袖长 SL	领围 N
规　格	75	112	48	61	44
档　差	2	4	1.2	1	1

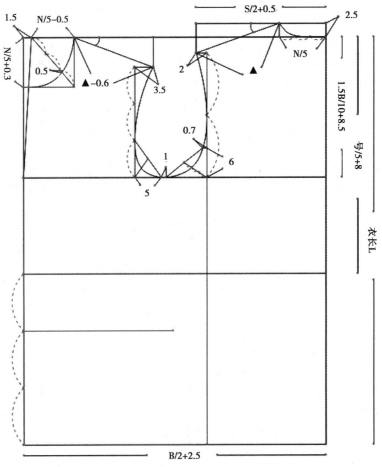

图3.55　款式一（中山装）基本框架结构

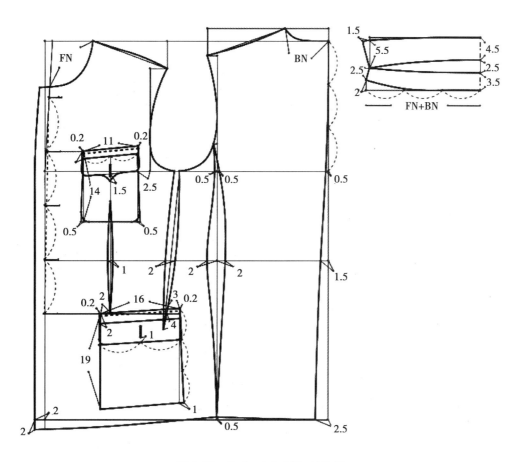

图 3.56 款式一（中山装）结构图

●款式二（青年装）

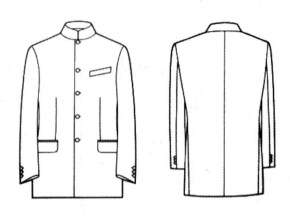

图 3.57　款式二（青年装）

款式二的规格设计如表 3.20 所示。

表 3.20　号型 175/92A（L）规格设计
单位:cm

部　位	衣长 L	胸围 B	肩宽 S	袖长 SL	袖口 CW	领围 N
规　格	77	110	48	62	17	44
档　差	2	4	1.2	1	0.5	1

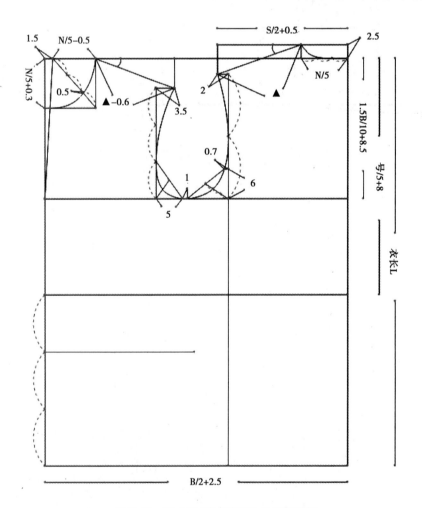

图 3.58　款式二（青年装）基本框架结构

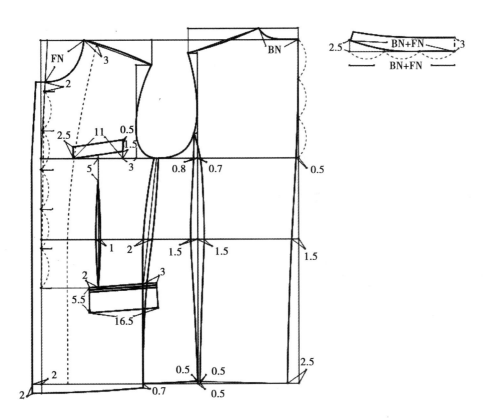

图 3.59 款式二(青年装)结构图

● 款式三(综合元素变化)

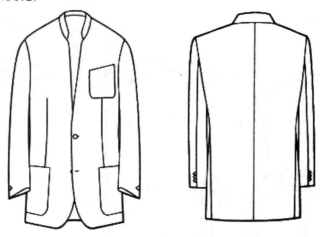

图 3.60　款式三(综合元素变化)

款式三的规格设计如表3.21所示。

表 3.21　号型 175/92A(L)规格设计

单位:cm

部　位	衣长 L	胸围 B	肩宽 S	袖长 SL	领围 N
规　格	96	116	47	63	47
档　差	2	4	1.2	1	1

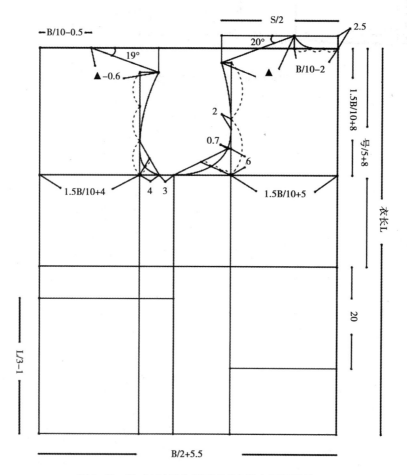

图 3.61　款式三(综合元素变化)基本框架结构

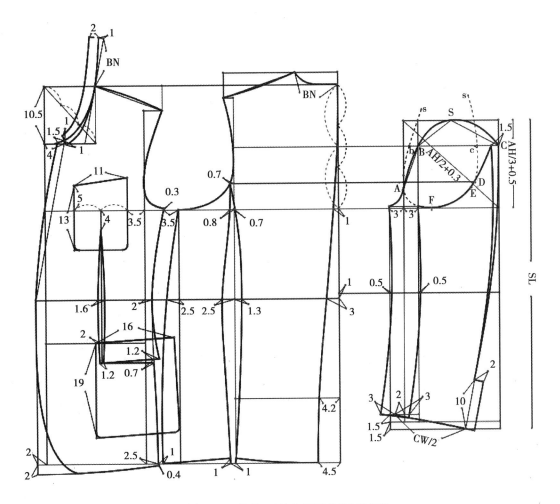

图 3.62 款式三(综合元素变化)结构图

●款式四（燕尾服）

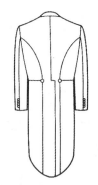

图 3.63　款式四（燕尾服）

款式四的规格设计如表 3.22 所示。

表 3.22　号型 175/92A（L）规格设计　　　　　　　　　　　　　单位:cm

部　位	衣长 L	胸围 B	肩宽 S	袖长 SL	领围 N
规　格	96	116	47	63	47
档　差	2	4	1.2	1	1

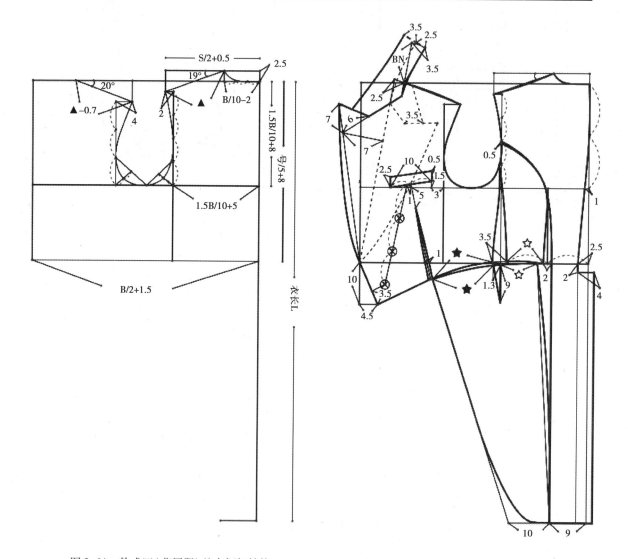

图 3.64　款式四（燕尾服）基本框架结构　　　　　　图 3.65　款式四（燕尾服）结构图

1）作品名称

《工装时态》

2）作品主题阐述

工装有一种作用价值，就是展现"统一"和谐之美。有人会说，有个性才叫美，统一有什么美的？我认为在东西方文化大融合的今天统一、和谐、整齐、对称才是最美的表现形式。比如，国庆阅兵的时候，那些仪仗队的战士不但统一着装，迈着整齐的步法，就连身高、体形都有着严格的标准与要求，行动那就更不用说了；再如，我们国家的建筑物也好、修饰物也好，讲究的都是对称的，这就是我的审美观。本系列的服装就很好地诠释了这一蕴藉着深度、厚度、广度，兼收并蓄，游刃于款式、色彩、比例均衡之间的统一和谐为主题的——工装时态。

3）作品设计方案展示

作品设计方案展示如图3.66所示。

2013/2014　秋冬成衣流行趋势提案

流行主题：工装时态

工装有一种作用，就是展现统一的美。有人会说，有个性才叫美，统一有什么美的？

主题下的色彩倾向：

时尚色彩中的永恒经典，就像是一副完美的素描画。

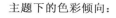
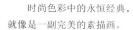

主题下的面料特征：

呢子面料由于风格新颖别致，挺括中不失柔软，朴实中又不失时尚，粗犷中蕴涵典雅，故在秋冬市场十分走俏。有皮革的点缀。让轮廓更加的清晰分明。

主题下的成衣设计

简约立领设计不仅防风保暖更展现出男士的干练与洒脱，时尚拼接设计展现与众不同的魅力，拉链的应用，使画面增添了金属色，简约而不单调。

设计者：卢章端

图3.66　《工装时态》设计方案说明

4）学生获奖系列作品结构设计实例

规格设计如表3.23所示。

表 3.23　号型 175/92A(L)规格设计　　　　　　　　　单位:cm

部　位	衣长 L	胸围 B	肩宽 S	袖长 SL	领围 N
作品 1,2 规格	70	106	45	64	42
作品 3,4 规格	58	106	45	64	42
档　差	2	4	1.2	1	1

具体结构设计如图 3.67 至图 3.75 所示。

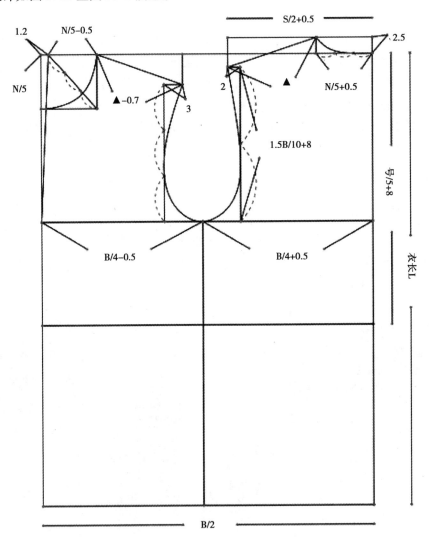

图 3.67　获奖作品基本框架结构图

● 获奖作品一

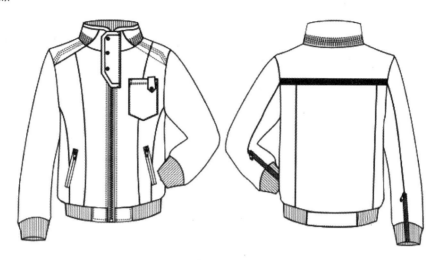

图 3.68　获奖作品款式一

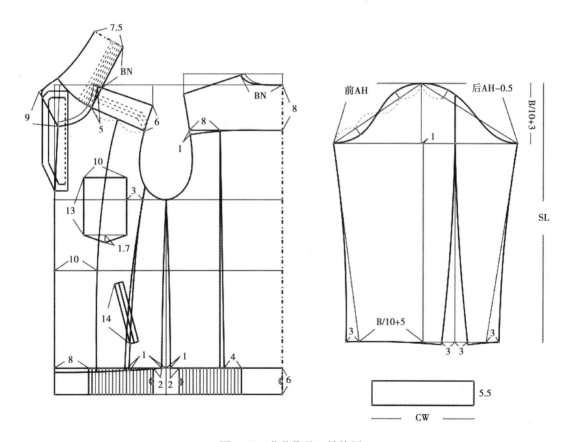

图 3.69　获奖作品一结构图

●获奖作品二

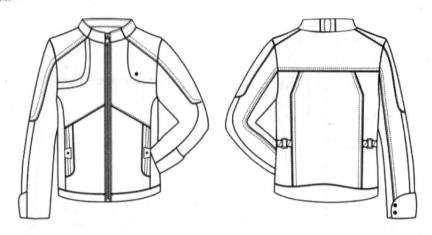

图 3.70　获奖作品款式二

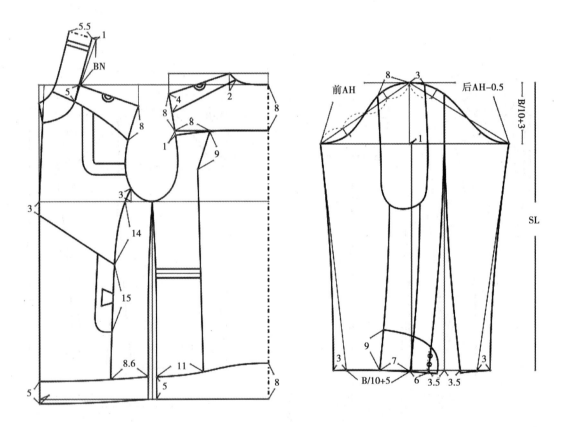

图 3.71　获奖作品二结构图

●获奖作品三

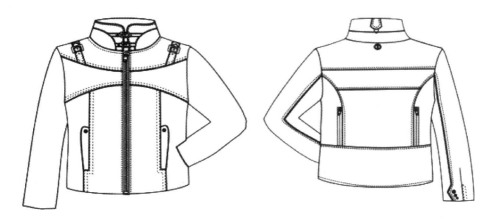

图 3.72　获奖作品款式三

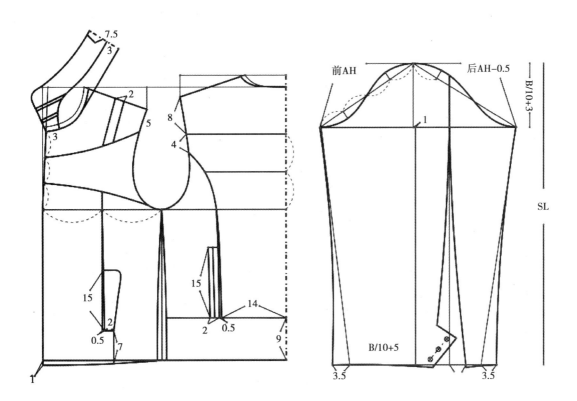

图 3.73　获奖作品三结构图

● 获奖作品四

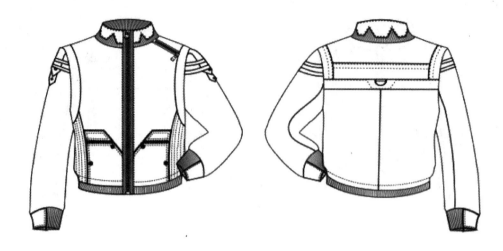

图 3.74　获奖作品款式四

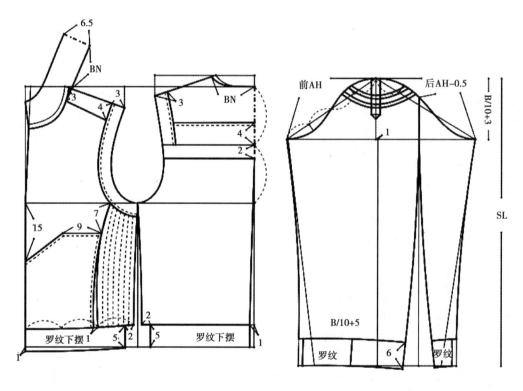

图 3.75　获奖作品四结构图

 思考与实训题

1.简述男西服制图与三开身基本结构的异同点。

2.男装插肩袖结构设计的原理和绘制方法。

3.结合企业的实际需要和服装流行趋势,设计时尚合体男装一系列(27 cm×40 cm 开纸上),并按 1:1的比例制作结构图。

模块4
童装结构设计

■■■■■■
知识目标

　　了解童装的分类和不同阶段的体型特征;掌握童装的结构设计方法和制图要求。

技能目标

　　能够分析童装结构设计相关因素和它们之间的相互关系;熟悉童装结构设计变化及童装装饰设计的运用。

项目1　童装结构设计概述

童装是指儿童时期的各个不同年龄段的孩子所穿着的服装总称。儿童时期是指从出生起到小学毕业的一段时期。童装结构设计要点应从穿着场合划分、从功能上划分、从面料上划分,根据色彩搭配以及儿童在生长时期的体型、性格、爱好、活动和心理发展等特点,进行有机的结构设计。

任务1　了解与童装结构设计相关因素

1)款式造型

童装的设计应把儿童穿着舒适性、符合童装的主要功能作为依据。造型上力求简易,穿着活动方便舒服。应根据不同年龄段,再按照不同体型特征进行设计(婴儿0~1岁、幼童1~3岁、小童4~6岁、中童7~12岁、大童13~16岁)。

①婴儿0~1岁:婴儿时期的服装一般是上下相连的长方形造型,款式宜简单些,通常采用开合门襟的设计方法,前门襟系绳带,袖子连裁法,整件衣服需要有适当的放松度,以便适应孩子的发育和生长。

②幼童1~3岁:幼童时期的形体特征是头大,颈部短而且粗,肩窄腹部凸出,四肢短胖,因此幼童服装设计应注重形体的造型,少使用腰线,轮廓呈方形、长方形、A字性为宜。

③小童4~6岁:小童时期的孩子体型特征为四肢比例有所拉长,腹部也不明显的凸出了。孩子对事物的认识和兴趣有了较迅速发展,自己也能够穿脱一些比较简单类型的服装。因此在造型设计上可以多用些分割线和曲线来增加儿童的天真活泼感。

④中童7~12岁:中童时期的孩子体形已逐渐发育完善。腰线、肩部和臀部已有明显的区分,身材也苗条起来,在款式造型上应考虑到在学校适应课堂和课外活动的需要,设计上不宜太复杂,应简单活泼些,可采用组合服装的形式,如上衣、背心、裙子、裤子等组合搭配为宜。

⑤大童13~16岁:大童时期男女身高和体型特征已基本趋向成人了,男孩身高一般为165~175 cm;女孩身高一般为153~167 cm。男生服装通常由长、短袖衬衫配长、短西裤和各式T恤衫配休闲裤;春秋季节可穿夹克衣、背心、毛衣、外套;冬季可穿大衣、皮、棉夹克等。女生服装较为多样,造型可长方形、梯形、H型、A型、X型等。在腰部设计上可高腰、低腰等。如X型的造型设计能够体现女生优美身材的特点,上身的肩部较宽、腰部适体、下裙展开。平时可穿带有休闲风格的服装等。这段时期的孩子对事物接受的能力强,爱表现自己的情绪和情感,因此设计师在设计服装时要有意识地引导他们如何按穿着目的和场合穿用服装,并在设计中注意对他们进行审美观念的潜意识培养,为今后的正确着装打下一个良好的基础。

2)童装色彩

根据儿童在每个生长时期的不同特点,童装色彩有所不同,当总体上偏向明亮、活泼的色系。

①婴儿0~1岁:婴儿时期的孩子视觉神经还没有发育完善,使用服装一般色彩不宜采用大红、大绿、

大紫等刺激性较强的颜色。

②幼童1~3岁:幼童时期的孩子处于爱模仿阶段,开始喜欢鲜艳的色彩,通过对面料颜色的拼接和贴花点缀等,使其服装的变化多种多样异彩纷呈。

③小童4~6岁:小童时期的孩子智力发展特快,对很多事情产生兴趣,因此,对服装色彩要求艳丽鲜明,在服装上可采用带有不同色彩的字母、数字和带有游戏色彩的元素等。

④中童7~12岁:中童时期的孩子以学生装为主,在课堂上不宜穿强烈的对比色调,一般可用调和的色彩来取得悦目的效果。如春夏宜采用明朗色彩,白与天蓝色、鹅黄色、草绿色、粉红色等;冬季可以用土黄与咖啡色、灰色与深蓝色、黑色与白色、墨绿色和暗红色等。

⑤大童13~16岁:大童时期除上学穿正常校服外,平时可穿着有休闲风格的服装。在色彩上应协调雅致,由于他们的欣赏能力逐渐增强,要与青年的时装特点相结合,表现出青春积极向上的风貌。

3)童装面料

当代服装材料的选用越来越注重它的生态环保、功能性等要求,因此,童装面料的选择应结合儿童的活动环境和心理发展等特点,再结合气候和季节来选择服的面料。

①婴儿0~1岁:选择吸湿、透气、保暖性强、排汗功能和舒适性较好的天然纤维,如纯棉织物作为首选。

②幼童1~3岁:夏季可用棉织色布、条格布、泡泡纱、细麻布等透气性好的布;秋冬季宜用灯芯绒、纱卡其、绒布、薄呢布等保暖性好,而且又耐洗的面料。

③小童4~6岁:小童在幼儿园里的时间较多,活动量也较多,因此,内衣多选用透气性好的纯棉、针织面料;外衣多选用挺括宜洗、耐磨比较结实的牛仔面料和各种化纤混纺织物。

④中童7~12岁:学生装选择以棉织物、针织织物为主。涤纶凡立丁、化纤仿毛面料以及粗纺呢等面料。

⑤大童13~16岁:应选择手感较挺、身骨较好的织物,如毛、麻及各种化纤混纺织物、仿毛织物和伸缩性较好的针织织物,以及涂层面料和较厚的牛仔面料。

4)装饰图案

童装比较关注服装外形的装饰性图案设计。

①婴儿0~1岁:婴儿服装常用绣花的方法进行装饰,图案可取材于各种可爱的小动物、小印花、玩具及各种水果图案的绒布或条纹布,也可产生活泼的童稚情趣。

②幼童1~3岁:图案可选择一些孩子喜欢感兴趣的花花草草、小动物、动画中的卡通形象来装饰点缀,装饰手法有刺绣、贴绣等,纹样上也可仿生构思设计,使服装具有独特的装饰作用和趣味性。

③小童4~6岁:图案题材可广泛选择,运用拼贴、绣花、辑边等艺术手法进行装饰与制作,强调图案的趣味性、知识性等。

④中童7~12岁:学生装的图案可用学校的校名、徽章标志等图案进行装饰,而这类标志性服装能够保留时间较长又不宜更换,因此选择的图案应精巧、简洁,多安排在前胸袋、领角、袖口、背带裤的胸前及裤子的腰部侧边等明显的部位。

⑤大童13~16岁:主要通过主体线条,多利用分割线、不同块面的组合而产生不同风格的装饰效果,并与图案进行有机的结合设计。

任务2 了解儿童各个时期的不同体型特征

随着儿童的各个阶段生长发育的不同,其身体的身高、体重、体型以及身体各个部位的比例都有着很大的变化。

①婴儿0~1岁:婴儿从出生到1周岁阶段,身高约为50~80 cm,平均体重为3~4 kg。这一阶段婴儿从卧眠到站立行走,完成了人体生长发育的第一阶段。1周岁左右身高一般为80~85 cm、胸围为48~50 cm、腰围为47~48 cm、头围为46~47 cm、全手臂长为25~27 cm、下肢长为16~20 cm。

②幼童1~3岁:这一阶段儿童身体成长快且运动多,发育明显。身高每年增长均为10~12 cm、体重每年增加3~4 kg。胸围每年增大2~3 cm、腰围每年增大1~2 cm、全手臂长每年增长2~2.5cm、下肢长每年增长2~3 cm。

③小童4~6岁:这段时期的儿童体型变化大,身高增长快,颈部变长,肩宽明显,胸部、腹部突出减少许多,四肢的长度增加显著,尤其是下肢变细长。

④中童7~12岁:此阶段是小学生了,在生理、心理、智力、运动等各个方面的发展与变化都非常的明显,其体型的身高、围度、躯干部、四肢都在迅速的增长。此时,女童的发育速度要比男童快些,一般女童的臀围每年会增长3~5 cm;男童的胸部会变宽和厚,肩部会宽而大。10岁前,男女儿童身高每年增加5~8 cm,10岁之后,女童逐渐减少,则胸围增加约为2~3 cm、腰围增加约为1~2 cm;10岁之后,男童趋势是继续增加,则胸围增加为2 cm;男女全手臂长每年增加为2 cm左右。

⑤大童13~16岁:此阶段的儿童进入了第二个生长高峰期,男女身高的增长速度存在着较大的差异。女童在这个阶段身高每年增长约为5 cm,胸围增加约为3~4 cm,腰围增加约为1~1.5 cm、全手臂长增加约为2 cm;而男童身高每年增长约为5 cm以上、胸围增加约为3 cm、腰围增加约为2 cm、全手臂长增加约为2 cm。

任务3 掌握儿童的号型规格设计

1) 号型规格

我国儿童服装号型于2010年1月1日起开始执行新的标准为GB/T 1335.3—2009,它代替了之前的GB/T 1335.3—1997。本标准包括了身高52~80 cm的婴儿号型系列、80~130 cm的儿童号型系列、135~160 cm的男童和135~155 cm的女童号型系列。

①身高52~80 cm的婴儿号型系列,身高以7 cm分档,胸围以4 cm、腰围以3 cm分档,分别组成7.4和7.3系列。

②身高80~130 cm的儿童号型系列,身高以10 cm分档,胸围以4 cm、腰围以3 cm分档,分别组成10.4和10.3系列。

③身高135~160 cm的男童号型系列,身高以5 cm分档,胸围以4 cm、腰围以3 cm分档,分别组成5.4和5.3系列。

④身高135~155 cm的女童号型系列,身高以5 cm分档,胸围以4 cm、腰围以3 cm分档,分别组成5.4和5.3系列。

2）儿童服装号型系列主要控制部位数值

控制部位数值是人体主要部位的数值即净体的数值,它是设计服装规格的依据,包括有长度方向 4 个数值、围度方向 5 个数值。在我国儿童服装号型中,身高 80 cm 以下的婴儿是没有控制部位数值的。在其他儿童的控制部位中,身高是指自然战立姿态下从头顶到地面的高度,坐姿从后颈椎点高的部位到坐在椅子面的高度,全臂长是指手臂自然垂直状态下肩端点到手腕凸点的距离,腰围高指站立时从地面到腰围的高度,围度的取值是根据各个时期的不同围度的增加也不同,如:胸围 1 岁为 48 ~ 50 cm、腰围为 47 ~ 48 cm;2 ~ 10 岁每年胸围增加约为 2 ~ 4 cm、腰围增加约为 1 ~ 2 cm;11 ~ 16 岁每年胸围增加约为 3 ~ 5 cm,等等。

如表 4.1 表示身高为 80 ~ 130 cm 的儿童控制部位数据及分档数据

如表 4.2 表示身高为 135 ~ 160 cm 的男童控制部位数据及分档数据

如表 4.3 表示身高为 135 ~ 155 cm 的女童控制部位数据及分档数据

表 4.1　身高 80 ~ 130 cm 的儿童控制部位数据及分档数据表　　　　单位:cm

		80	90	100	110	120	130	分档数值
长度	身高	80	90	100	110	120	130	10
	坐姿颈椎点高	30	34	38	42	46	50	4
	全臂长	25	28	31	34	37	40	3
	腰围高	44	51	58	65	72	79	7
围度	颈围	24.2	25		25.8	26.6	27.4	4
	肩宽	24.4	26.2		28	29.8	31.6	1.8
	胸围	48	52		56	60	64	4
	腰围	47	50		53	56	59	3
	臀围	49	54		59	64	69	5

表 4.2　身高 135 ~ 160 cm 的男童控制部位数据及分档数据表　　　　单位:cm

		135	140	145	150	155	160	分档数值
长度	身高	135	140	145	150	155	160	5
	坐姿颈椎点高	49	51	53	55	57	59	2
	全臂长	44.5	46	47.5	49	50.5	52	1.5
	腰围高	83	86	89	92	95	98	3
围度	颈围	29.5	30.5	31.5	32.5	33.5	34.5	1
	肩宽	34.6	35.8	37	38.2	39.4	40.6	1.2
	胸围	60	64	68	72	76	80	4
	腰围	54	57	60	63	66	69	3
	臀围	64	68.5	73	77.5	82	86.5	4.5

表4.3　身高135～155 cm的女童控制部位数据及分档数据表　　　　　　单位:cm

		135	140	145	150	155	分档数值
长度	身高	135	140	145	150	155	5
	坐姿颈椎点高	50	52	54	56	58	2
	全臂长	43	44.5	46	47.5	49	1.5
	腰围高	84	87	90	93	96	3
围度	颈围	28	29	30	31	32	1
	肩宽	33.8	35	36.2	37.4	38.6	1.2
	胸围	60	64	68	72	76	4
	腰围	52	55	58	61	64	3
	臀围	66	70.5	75	79.5	84	4.5

项目2　童装结构设计原理

任务1　掌握童装结构设计原理

1) 童装结构设计原理

童装结构设计原理与成人结构设计原理基本上是相同的。从某种意义上说,童装也是帮助儿童生理、智力、心理全面发育成长的保健用品。童装的款式设计变化比较多,因此,童装的结构设计有着较大的空间,它与成人结构设计的区别主要表现在:

第一,童装着装后,强调服装的舒适性,具有满足人体要求并排除任何不舒适因素的性能。

第二,童装的结构设计版型,是根据儿童在各个不同时期的体型特征,进行整体结构分析与设计有机的结合。

第三,按照服装结构制图的基本格式、技术要求、标准规格等进行结构制图,符合儿童服装在各种不同场合穿着的要求。

2) 童装结构设计遵循的原则

①童装结构设计的变化主要考虑儿童各个不同时期的体型特征,对童装整体结构设计进行分析。如

开裆裤(0~1周岁)婴儿穿着。它的长度一般要到脚踝的位置,臀部的放松量要宽松些,上裆较长些,前后片窿门没有裆宽,并在裤母型的基础上向内挖进,腰部用系带稳定;中童10岁左右夹克衫,在结构设计中胸围和袖窿要宽松些,方便活动,在领口、袖口、下摆可以使用针织螺纹组织,口袋、袖祥均辑明线作装饰等。

②依据款式风格,运用各种分割衣片的方法与装饰进行有机的结合与变化。具体的款式都有着各自的造型结构特点、面料质地、工艺设计制作技术特点等,经过分析后确定服装构成的方式。对分割线的设计与运用,应符合人体结构和各个部位凹凸以及比例尺寸的要求。

任务2 掌握童装结构设计制图方法与要点

1) 童装结构设计制图方法

在制图之前,应很好地注意观察设计图的各个部位。在保证准确性高的前提之下,力求合理、简便,容易用一种方法代替多种计算公式及数字,服装结构制图是服装裁剪的首道工序,就服装裁剪而言,概括起来可分为立体裁剪和平面裁剪,童装一般采用的是平面裁剪方法,它包括实量制图方法和比例分配制图方法,童装在平面结构制图时可以采用具有简单且概括性强的母板(上装、下装),并将其应用。如,它除了具有同人体相对应部位的体表或外围相似的几何形态外,不存在着其他较为复杂的地方。

2) 童装结构设计制图要点

①童装结构设计制图的线条连接和方法要求规范。服装结构制图是通过线条来表现的,如直线与弧线的连接、弧线与弧线的连接、折线与圆弧线的连接等,制图的各种用线分别代表各自不同的含义。

②童装衣片的实际大小是根据图纸样板上所标注的尺寸来确定的,而制图的尺寸标注应按照国家所规定的要求进行,在标注尺寸时要做到准确、规范、完整、清晰。同时,还应注意尺寸缩放的合理性。

任务3 熟悉掌握童装的原型结构与平面板型的建立

童装的结构设计可以在童装原型的基础上,根据具体款式,进行变化。

1) 童装衣身原型

(1)制图规格

制图规格如表4.4所示。

表4.4 制图规格 单位:cm

号 型	胸围 B	背长 L
140/68A	82	32

（2）制图要点说明

第一，本书童装基本型在绘制中，只需要测量3个部位的尺寸：胸围、背长、袖长。

第二，童装基本型的胸围放松量为14 cm。

第三，基本型中其他部位的尺寸是以胸围为基础来计算或固定尺寸的。对于特殊特性的儿童应根据具体测量的尺寸进行绘制基本型。

（3）制图方法、公式及说明

制图方法、公式及说明如表4.5所示。

表4.5　童装衣身原型制图公式　　　　　　　　　　　单位：cm

序　号	部　位	原型制图公式	备　注
1	身宽	B/2 + 7（B 为净胸围）	7 cm 是半胸围的加放量
2	背长	32	可直接查用国家号型标准
3	袖深	B/4 + 0.5	
4	背宽	身宽/3 + 1.5	
5	胸宽	身宽/3 + 0.7	
6	后领宽	B/20 + 2.5	
7	后领深	后领宽/3	
8	前领宽	同后领宽	
9	前领深	后领宽 + 0.5	

童装衣身原型结构图如图4.1所示。

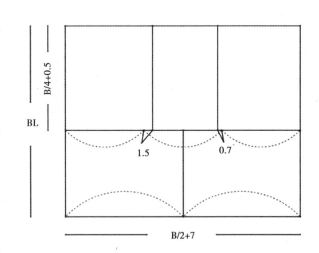
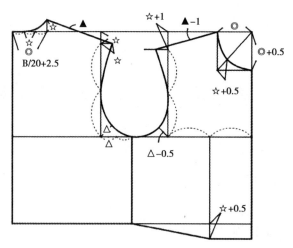

图4.1　童装衣身原型结构图

2）童装袖原型

（1）规格设计

规格设计如表4.6所示。

表4.6　制图规格　单位:cm

袖长 SL	前袖窿弧长 FAH	后袖窿弧长 BAH	袖窿弧长 AH
46	18.7	18.4	37.1

（2）制图要点

第一,童装袖原型是在童装衣身原型结构制图完成后进行设计的。

第二,童装袖原型是以一片袖结构为基础的。

第三,袖肘线的位置是袖子结构设计时的一个重要参考点,一般公式为 SL/2 +2.5。

（3）制图方法、公式及说明

制图方法、公式及说明如表4.7所示。

表4.7　童装袖原型法制图公式

序　号	部　位	基型法制图公式	备　注
1	袖山高	AH/4 +1.5	根据衣身原型测量袖窿弧长
2	前袖宽	FAH +0.5	根据衣身原型测量前袖窿弧长
3	后袖宽	BAH +1	根据衣身原型测量后袖窿弧长
4	袖肘线	SL/2 +2.5	

童装袖原型结构图如图4.2所示。

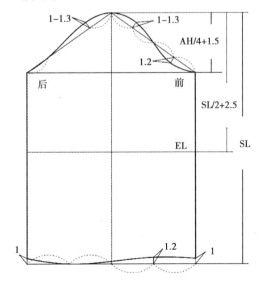

图4.2　童装袖原型结构图

项目3 女童装四季款式结构设计与实训

设计拓展说明

①造型:此系列童装以春、夏、秋、冬四季的代表性款式来设计,在童装原型的基础上,以四季特征为辅,在设计中,力图开发鲜明的服装廓型,有意识地倾向于自己感兴趣的方向推进理念,使款式与造型发展下去。

②色彩:根据儿童在每个生长时期的不同特点,童装色彩有所不同,但总体上偏向明亮、活泼的色系。女童装多选用饱和度高的颜色。也可以查找流行色卡,帮助你找到和谐的色彩组合。

③装饰:以传统的图案或以某一单一元素为设计灵感作为出发点,如传统的蝴蝶结运用于设计中,在领角、口袋、侧摆、底边等部位进行装饰。

④工艺:采用镂空、印花的工艺,产生多面的立体效果,也可将具象、抽象的几何形态以不同的技法表现在面料上,镂空、扎染、印花以及手绘等。

⑤面料选择:选择针织物和机织物,也可尝试设计一些不同寻常的织物组织,但要记住这些设计是在你所选择面料的基础上进行的。

⑥制图总体要求:

a.从原型基础框架到结构:春装款式(图4.3)、夏装款式(图4.5)、秋装款式(图4.7)、冬装款式(图4.9)。

b.衣身:四开身结构。

c.衣领:圆领、V领、立领、连帽领。

d.袖型:无袖、短袖、一片袖、插肩袖。

具体如图4.3至图4.10所示。

任务 1　春装款式结构设计与实训

图 4.3　春装款式

规格设计如表4.8所示。

表 4.8　号型 140/68A 规格设计　　　　　　　　　　　　　单位:cm

部　位	衣长 L	胸围 B	肩宽 S	袖长 SL	袖口 CW
规　格	54	84	34.5	48	14
档　差	1	4	1	1	0.5

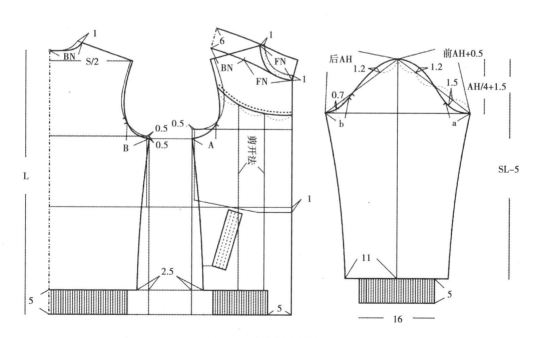

图 4.4　春装款式结构图

图4.5　夏装款式

任务2　夏装款式结构设计与实训

规格设计如表4.9所示。

表4.9　号型140/68A规格设计　　　　　　　　　　　单位:cm

部　位	衣裙长L	胸围B	肩宽S	袖长SL	腰围W	前腰节长WL	领围N
规　格	74	78	29.5	13	66	35	31
档　差	1	4	0.5	1	1	0.5	0.5

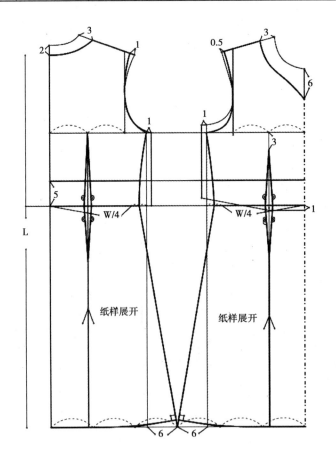

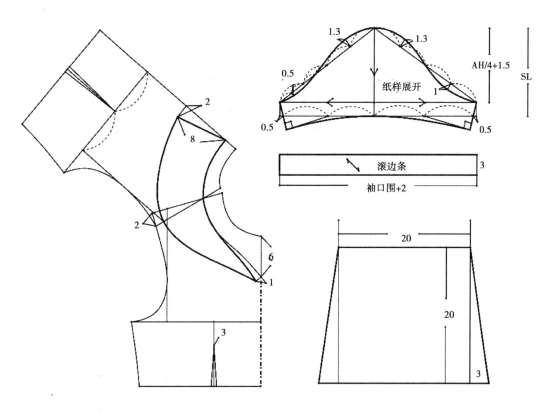

图 4.6　夏装款式结构图

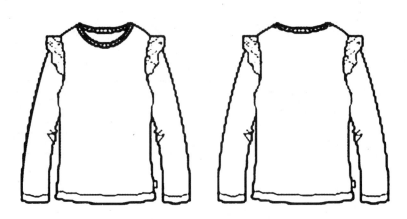

任务3 秋装款式结构设计与实训

图4.7 秋装款式

规格设计如表4.10所示。

表4.10 号型140/68A 规格设计 单位:cm

部 位	衣长 L	胸围 B	腰围 W	肩宽 S	袖长 SL
规 格	51	74	70	30	50
档 差	1	4	3	1	1

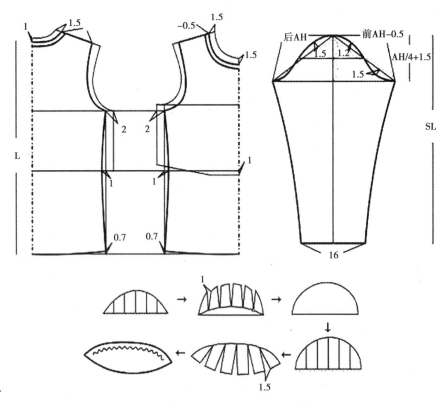

图4.8 秋装款式结构图

任务4 冬装款式结构设计与实训

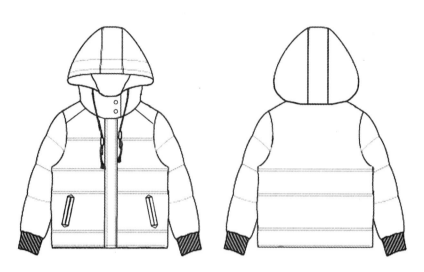

图4.9 冬装款式

规格设计如表4.11所示。

表4.11 号型140/68A规格设计 单位:cm

部 位	衣长 L	胸围 B	肩宽 S	袖长 SL	袖口 CW
规 格	50	88	35	50	14
档 差	1	4	1	1	0.5

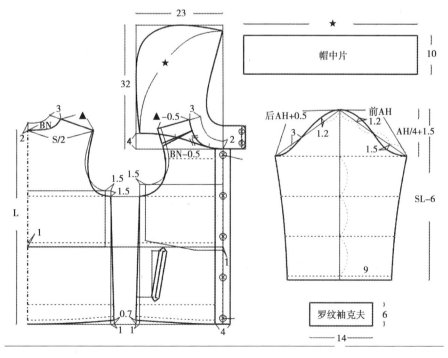

图4.10 冬装款式结构图

项目4 男童装四季款式结构设计与实训

设计拓展说明

①造型:根据不同年龄段,可按照不同体型特征设计。在设计中,力图开发鲜明的服装廓型,有意识地向着自己感兴趣的方向推进理念,使款式与造型发展下去。

②色彩:色彩很大程度上取决于季节以及设计者的偏爱,一般来说,秋、冬服装倾向于深色、暗色多些,也可以查找流行色卡,帮助你找到和谐的色彩组合。

③装饰:采用不同风格的图案或刺绣、贴花、缩褶、拼缝、镶嵌、挖花、绗缝等表现手法,运用在领角、口袋、侧摆、底边等部位进行装饰。

④工艺:采用手绘、镂空、编织、手工针织、印花工艺等表现,产生多面的立体效果。

⑤面料选择:选择针织物和机织物,也可以查找面料手册,作出正确的决定。

⑥制图要点:

a. 原型基础框架到结构:春装款式(图4.11)、夏装款式(图4.13)、秋装款式(图4.15)、冬装款式(图4.17)。

b. 衣身:四开身结构。

c. 衣领:圆领、V 领、立领、连帽领。

d. 袖型:无袖、短袖、一片袖。

具体如图4.11 至图4.18 所示。

任务1 春装款式结构设计与实训

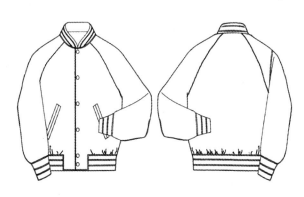

图4.11 春装款式

规格设计如表4.12所示。

表4.12 号型145/68A规格设计 单位:cm

部 位	衣长L	胸围B	肩宽S	袖长SL	袖口CW
规 格	50	78	34	51	18
档 差	1	4	1	1	0.5

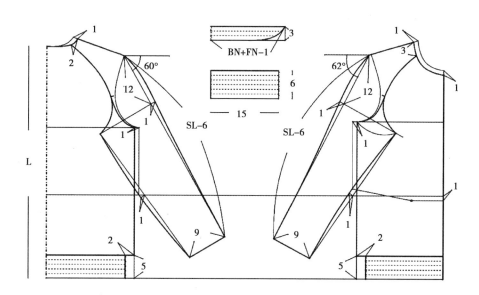

图4.12 春装款式结构图

任务2 夏装款式结构设计与实训

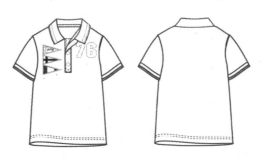

图4.13 夏装款式

规格设计如表4.13所示。

表4.13 号型145/68A 规格设计 单位:cm

部 位	衣长 L	胸围 B	肩宽 S	袖长 SL	袖口 CW
规 格	56	82	33	15	28
档 差	1	4	1	1	0.5

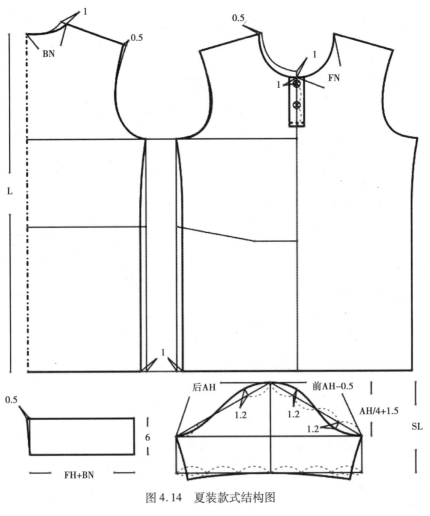

图4.14 夏装款式结构图

任务3 秋装款式结构设计与实训

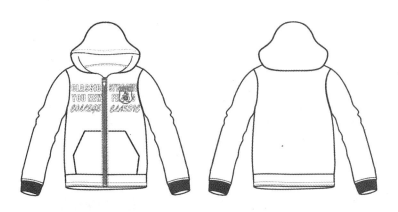

图4.15 秋装款式

规格设计如表4.14所示。

表4.14 号型145/68A规格设计 单位:cm

部 位	衣长 L	胸围 B	肩宽 S	袖长 SL	袖口 CW
规 格	54	84	35	51	16
档 差	1	4	1	1	0.5

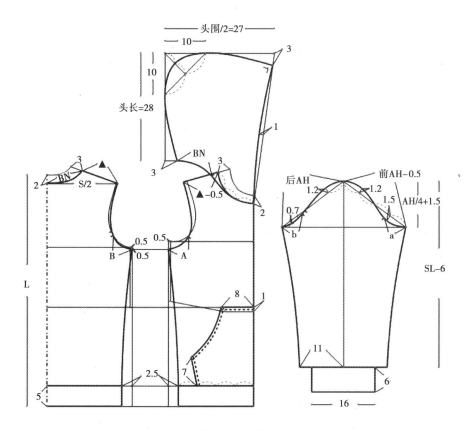

图4.16 款式三(秋装)结构图

任务4 冬装款式结构设计与实训

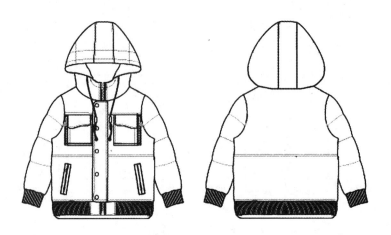

图4.17 冬装款式

规格设计如表4.15所示。

表4.15 号型145/68A规格设计 单位:cm

部 位	衣长 L	胸围 B	肩宽 S	袖长 SL	袖口 CW
规 格	54	92	37	51	15
档 差	1	4	1	1	0.5

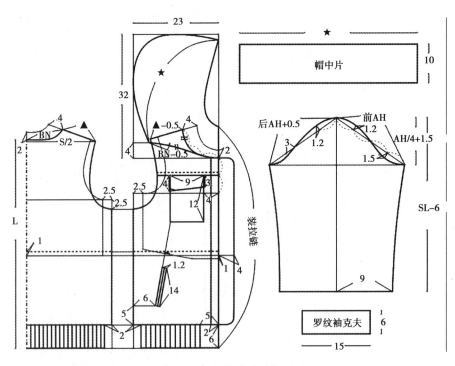

图4.18 冬装款式结构图

思考与实训题

1. 童装整体结构设计与女装、男装结构有什么不同?

2. 应如何掌握童装在结构设计中对面料的要求?

3. 设计校服或运动服,男、女生各 2 套(要求有人物、色彩表现 27 cm × 40 cm 开纸上),并任选 1 款式,按 1:1 比例制作结构图。

模块5
特体服装结构设计

■ ■ ■ ■ ■ ■

知识目标

　　掌握正常体型与特殊体型的区别及其着装效果的不同。

技能目标

　　能够准确测量特体尺寸；了解特殊体型的服装是在正常板型的基础上结合特体部位调节变化而成；熟悉特体服装板型结构修正的方法。

BUSINESS

项目1 正常体型与特殊体型的区别

任务1 了解正常体型与特殊体型

1）正常体型

正常体型是指身体发育正常，各部位基本对称、均衡，且具有健康的美感。

2）特殊体型

所谓特殊体型，它是与正常体型相区别而言的，特殊体型是指人体体型某一部位发育存在着差异的现象，出现了一种不平衡、不匀称、不合比例的形态。

3）对特殊人体体型的分析

①我们可以从人体的正面、侧面、背面3个方向去观察，也可以目测人体各个部位的水平截面，对人体体型、人体颈部、人体三围（胸围、腰围、臀围）等部位状态进行区别分析。

②上体体型分析。如左右肩不对称、高低肩、溜肩体、冲肩、肥胖体，前胸为挺胸、后背肩胛骨突起形状以及非对称体等状况进行比较。

③下体体型分析。如腹部肚大的肥胖体、臀部凸起、腿部呈内外八字形以及非对称体等状况进行比较。

因此，我们不仅要掌握特殊体型结构服装的处理方法，还要学会对服装标准板型及特体服装的结构修正方法，尤其是在服装结构制图时，根据人体体型特征上的差异，与正常的标准体型进行比较，在正常体型结构制图的基础上加以变化修正与调整，以适应体型的特殊要求。

4）男女体型躯干外形的差异

①女性乳房隆起，背部后倾，颈稍向前伸，臀部后凸，整个躯干起伏较大，呈优美的S形。从图5.1的水平横截面图中可以看出，女性体表凹凸起伏，从肩经胸、腰至臀经历了由扁变圆又变扁的过程。特别要引起注意的是胸、腰、臀三大部位的凹凸关系，它们之间的围度尺寸差异及差异分配规律一直是服装结构中省道设计的关键所在。

②男性骨骼略粗壮，肌肉发达，服装内部空间要大，使之适应肌肉张力，男子体型线条直落，服装构成要顺其自然，以直线型为主，简洁利落，从造型上衬托其阳刚之美。如图5.1所示。

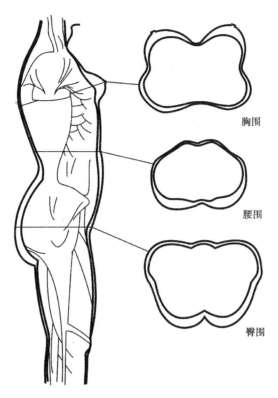

图5.1 男女体型躯干外形的差异与特征

任务2 掌握特殊体型的结构制图方法与要点

正常体型和特殊体型都要求服装合体,但对合体的含义的理解却不能相同,正常体型本身就具备发育正常、体态均衡、健康的美感,服装合体就已具备美观的一些基本条件;而特殊体型服装也这样合体的话,则恰恰暴露出某些体型的缺陷,这样的合体当然不能算是成功的,所以在研究特殊服装合体的同时,不能不对其他一些部位给以适当的调整,不能不对服装造型的轮廓线条、配色、选择材料等予以充分的注意。

1) 制图方法

①采用常规的服装制图计算公式来绘制标准板型。
②在标准板型的纸样上采用剪开折叠或局部旋转展开法。
③也可采用服装平面结构与立体造型相互结合的方法。

2) 制图要点

①以标准的人体体型结构制图尺寸为依据。
②对特殊体型服装结构的某个部位进行必要的修正与调整。

因此,特殊体型的结构设计在板型处理合体之后的同时,还应该在服装造型、外部轮廓线与局部结构组合上、在色彩搭配上、在面料的选择上等都应给以充分的考虑,达到既合体、舒适,又美观的着装效果。

任务3　掌握特殊体型的结构制图符号与说明

为使特殊体型制图的步骤方便,采用的符号与说明,如表5.1。

表5.1　特殊体型制图符号与说明

符　号	名　称	说　明
——————	实线	表示正常体型的标准样板
— — — — — ·	虚线	表示修正后的样板
◁	展开	表示正常体型的样板部位的展开
◁	折叠	表示修正后的样板部位的折叠

项目2　特殊体型的结构处理与标准板型的变化

任务1　掌握上装部分特殊体型结构处理与标准板型的变化

1) 胸部

挺胸体。

体型特征与着装效果:

①从人体侧面方向来观察,躯体中心轴后倾,侧面有厚实感。胸部前挺且宽,后背平坦且窄。

②前衣片比后衣片短,前片有起吊、前领较宽大、后领触脖,前袖窿卡住并起绺褶,后袖山处起三角,搅止口等,前后衣片起皱不平服现象。

板型结构修正方法:

①测量前、后腰节的长度,并以标准板型为基准。

②在前衣片胸围线处剪开,向上拉1.2 cm,后片在袖窿深的1/2背宽处折叠1.2 cm。

③前袖山高线剪开1.2 cm,后袖山高线折叠1.2 cm,使袖山中线后移。

④最后将前衣片、后衣片、袖片纸样的外形轮廓线画顺。

如图5.2所示。

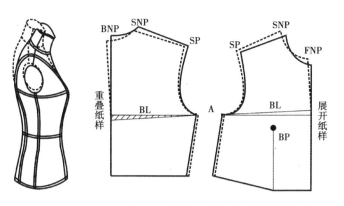

图 5.2 挺胸体的板型结构修正

2）背部

厚背体，也称曲背体。

体型特征与着装效果：

①从人体背面方向来观察，在肩胛骨位置上有明显的凸起，头部向前倾，前胸凹且窄。胳膊和手臂也向前摆。

②人体重心向前倾，前衣片长，后衣片短且起吊，整个袖子往前摆。

板型结构修正方法：

①测量前、后腰节的长度，并以标准板型为基准。

②在后片背宽处剪开一处或两处，向上拉 1～1.5 cm 并展开，使背线和后领口的位置加大并向上提升。

③前衣片袖窿线和袖窿深线剪开一或两处，向上拉 1～1.5 cm 并折叠起来，使前领口、肩、袖窿弧线均往下移。

④最后将前衣片、后衣片、袖片纸样的外形轮廓线画顺。

如图 5.3 所示。

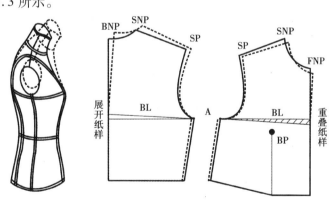

图 5.3 厚背体的板型结构修正

3）肩部

平肩体。

体型特征与着装效果：

①从人体正、背面方向来观察，两肩端呈平行状态。

②上衣肩部外端拉紧，领口处起涌，前门襟下摆止口划开。

板型结构修正方法：

①测量肩端点的前后相对应的位置,根据特体的情况,适当向上加量。

②在袖窿深线向上抬高,使肩部的斜度减少。

如图 5.4 所示。

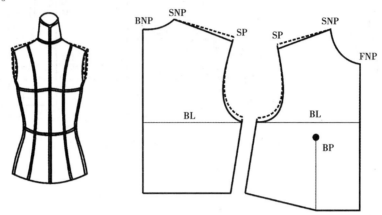

图5.4　平肩体的板型结构修正

溜肩体。

体型特征与着装效果:

①从人体的背面来观察,肩斜呈一定的角度,即超过了一般体型肩部的角度。

②溜肩体的脖根颈部处,比正常体型显得粗一些。

板型结构修正方法:

①测量肩端点的前后相对应的位置,根据特体的情况,适当向下加量。

②在袖窿深线以下的部位,折叠所需的尺寸,同时再将脖根颈部处稍向外移动,使肩斜度向下。

如图 5.5 所示。

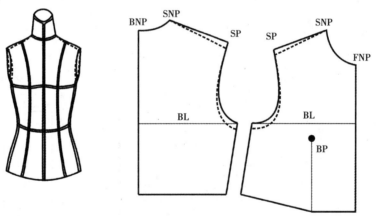

图5.5　溜肩体的板型结构修正

冲肩体。

体型特征与着装效果:

①从人体正、侧面方向来观察,两外肩端部向前倾呈有一定的弧度。

②两外肩端部与前胸部和袖前部会出现褶皱现象。

板型结构修正方法:

①测量外肩端部的前后相对应的位置,根据特体的情况,作适当的修正。

②前片的肩斜线向下移,后片的肩斜线往上抬高。

③前片的横领向内移,并减少前平的位置、后片的横领向外移,并增大后平的位置。

④将袖片的袖山中心点的位置向前移动,并画顺袖山的弧线。

如图 5.6 所示。

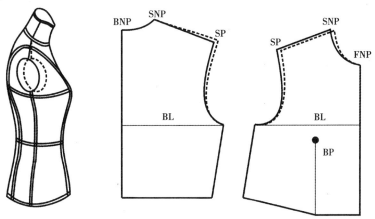

图 5.6　冲肩体的板型结构修正

高低肩体。

体型特征与着装效果：

①从人体正、背面方向来观察,两肩部呈一高一低的不平行状态。

②由于两肩的不平行,在低肩部的下端部分会出现褶皱的现象。

板型结构修正方法：

①测量两肩部的上下相对应的位置,根据特体的情况,作出调整进行修正。

②在低肩处适当降低肩部的位置,调整袖窿深线的水平线,使衣身的袖窿周长与袖片的袖窿周长相同。

如图 5.7 所示。

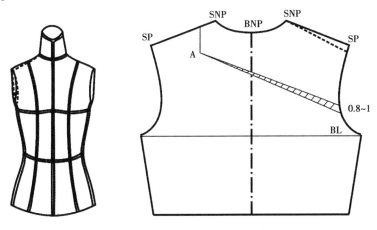

图 5.7　高低肩体的板型结构修正

任务2　掌握下装部分特殊体型结构处理与标准板型的变化

1)腹部

凸腹体肥胖型。

体型特征与着装效果：

①从人体正、背面方向来观察,测量腰围、臀围、腹部围度的尺寸,腰部的中心轴显得向后倒。

②由于腹部凸出,使裤子腹部拉紧,其前门襟、侧边袋均有不平服的现象。

板型结构修正方法:

①测量腹部凸出至膝围的长度位置,根据特体的情况,作出调整进行修正。

②加长前裤片的上档长度,加大前裤片的臀围和腰省位。

如图5.8所示。

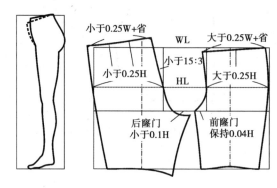

图5.8 凸腹部的板型结构修正

2) 臀部

凸臀体。

体型特征与着装效果:

①从人体正、侧面方向来观察,臀部凸出,腰部的中心轴显得倾斜。

②由于臀部凸出,使裤子臀部绷紧,其后裤卡紧,产生不平服的现象。

板型结构修正方法:

①测量臀部凸出至膝围的长度位置,根据特体的情况,作出调整进行修正。

②加长后裤片的上档长度,加大后裤片的臀围和挖深后窿门的弧度。

如图5.9所示。

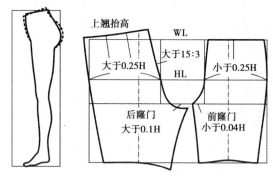

图5.9 凸臀部的板型结构修正

平臀体。

体型特征与着装效果:

①从人体正、侧面方向来观察,臀部平坦,腰部的中心轴显得倾斜。

②由于臀部平偏,使裤子的后缝过长,并产生下坠的现象。

板型结构修正方法:

①测量臀部平坦至膝围的长度位置,根据特体的情况,作出调整进行修正。

②缩短后裤片的上档长度,折叠后裤片的臀围和缩小后窿门的弧度。

如图 5.10 所示。

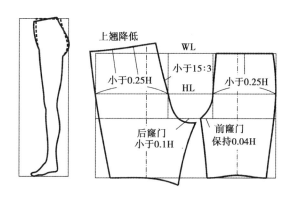

图 5.10 平臀部的板型结构修正

3) 腿部

O 型腿。

体型特征与着装效果：

①其特征是：臀下弧线至脚跟呈现两膝盖向外弯曲,两脚向内偏,下裆内侧呈椭圆形状。

②侧缝线显短,且侧缝向上吊起,下裆缝偏长,且起皱。

板型结构修正方法：

①测量两膝之间的距离。

②增加侧缝的长度。

③适当缩短下裆内侧缝。

如图 5.11 所示。

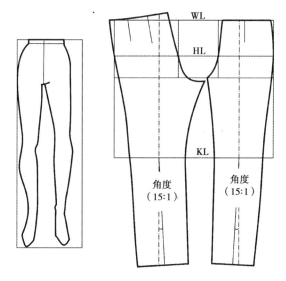

图 5.11 O 型腿的板型结构修正

X 型腿。

体型特征与着装效果：

①其特征是臀下弧线至两膝盖向内并齐,两脚平行外偏,膝盖以下至脚跟向外呈八字形状。

②下裆缝显短,且向上吊起,侧缝线显长,且起皱。

板型结构修正方法：

①测量两脚后跟之间的距离。

②增加下裆缝线的长度。

③适当缩短外侧缝。

如图5.12所示。

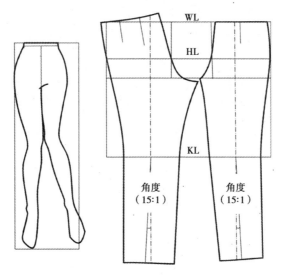

图5.12　X型腿的板型结构修正

项目3　常见特殊体型的服装结构设计实训

任务1　熟悉特殊体型测量方法的步骤

特殊体型测量方法，只是在一般测体的基础上，再针对特殊部位补充测量。对于特体所测量的数据可作为结构制图的参考尺寸。因此，在测量特殊体型时，首先要仔细观察体型特征，并对其部位特殊程度作出判断。具体测量方法步骤如下：

1）挺胸体

挺胸体的特征是胸部丰满往前凸出，颈部向后倾，背部相对平服，胸宽小于背宽，在测量时应注意衣长的尺寸，可以用腰带系在中腰部最细处，前、后保持水平，先测量前腰节长度，再测量后衣长，在结构设计和结构制图时参考前腰节与背长的尺寸差距，再决定前衣身的加放长度尺寸。

2）厚背体（曲背体）

厚背体的体型特征是背部呈弓形凸起，颈部向前倾，胸部相对平服，背部宽大于胸部，在测量时所采用的方法与步骤都与挺胸相同。

3）平肩体

平肩体的特征是肩部平坦，肩部的夹角小于正常的角度，男肩斜度为19°、女肩斜度为21°，其服装外观领底部起空，肩部产生有斜向的褶纹。在测量时观察肩部的斜向倾度，仔细测量前后肩端点的相对位置，肩端点前倾者为前肩体，肩端点后倾者为后肩体。

4）溜肩体

溜肩体的特征是与平肩体相反的，两肩明显的向下倾斜，斜肩体臂根位相对下移，肩斜角度大，前、后袖窿松散有斜皱。应仔细观察测量前、后肩斜线角度，降低袖窿底线位置。

5）冲肩体

冲肩体的特征是前肩体的肩端向前倾，肩缝后移，前袖山下方产生斜皱，前袖口紧靠着前臂。测量时，应仔细观察测量前肩斜度增大，后肩斜度减小，前袖山放大，后袖山减小。

6）高低肩体

高低肩体型特征是左、右肩不平衡。需仔细测量左肩和右肩，以衡量对比两肩的差距。

7）凸腹体

凸腹体大多数为肥胖体。体型特征为躯干上段部分往后倾，下身部分往前倾，腹部前凸，躯干整体前后呈不平衡状态。

8）凸臀体

凸臀体指的是臀部丰满，要仔细观察并测量臀部的围度，对其中有臀峰明显偏上或偏下者，应测量后腰节至臀部凸出点的部位尺寸。一般女性凸臀体较多，在做西装裙和旗袍时候，要特别注意腰省的位置及腰省的长度。

9）平臀体

平臀体指的是臀部平扁，整个臀部较小，前面腹部凸出也相对较小。测量时要仔细观察并测量臀部的围度，重点测量后腰节至臀部后中心线的部位尺寸。

任务 2 掌握常见特殊体型的服装结构修正方法

根据一般常规方法所制作的服装，穿在特殊体型人的身上，会产生绷紧、空荡或者褶皱的现象，这就是服装的弊病。特殊体型的人穿着正常体型的服装时是不合体、不舒适的。因此，在修正服装弊病时，应对特殊体型的人穿着的服装按照特殊体型的某个部位作出相应的修正，以适应特殊体型的需求。

下面介绍两款连衣裙。

1）挺胸与凸臀体

该体型的特殊部位挺胸与凸臀，丰满较胖型，一般为女性居多，呈S形。

板型结构修正方法：

①以正常体型的结构板型为基础。

②适当增大前衣身肩省、腰省、胸省量。

③拉长前片衣身长度,缩短后衣身长度。

④调整袖山中心线。

⑤适当拉长裙后腰围线以下的长度,缩短前腰节线。

⑥放大后腰省、臀省的省量。

⑦画顺外轮廓的弧线。

如图5.13所示。

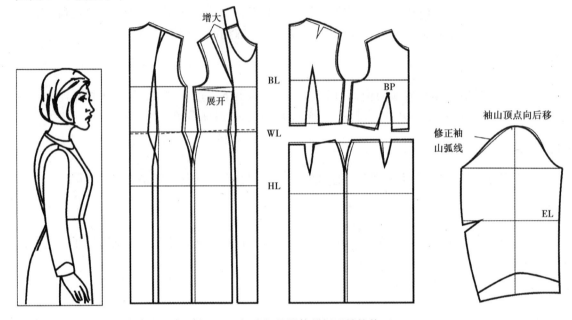

图5.13 挺胸与凸臀体的板型结构修正

2)厚背与凸腹体

该体型的特殊部位厚背与凸腹体,它与挺胸与凸臀是相反的,这时就要观察是否同一身高的情况下,再根据实际的胸围、腰围、臀围的不同尺寸进行修正。

板型结构修正方法:

①以正常体型的结构板型为基础。

②适当减少前衣身肩省、腰省、胸省量。

③拉长后片衣身长度,缩短前衣身长度。

④放大后片背宽和肩胛省的省量。

⑤调整袖山中心线。

⑥适当缩短裙后腰围线以下的长度,拉长前腰节线。

⑦画顺外轮廓的弧线。

如图5.14所示。

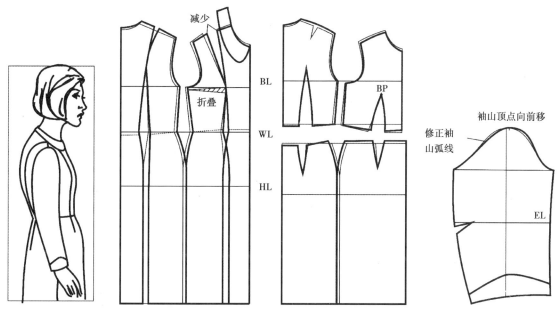

图5.14　厚背与凸腹的板型结构修正

 思考与实训题

1. 简述正常体型与特殊体型的区别,并了解特殊体型服装在结构处理上有何现实意义?

2. 对上装部分特殊体型结构处理进行实训。

3. 对下装部分特殊体型结构处理进行实训。

模块6
时装纸样设计

■■■■■■■
知识目标

　　懂得时装纸样是表达和交流结构设计思想的一个工具,把握和改变对服装结构设计的固有认知。

技能目标

　　掌握时装纸样构成与裁制技巧;熟悉时装纸样结构设计的过程、拓展、创新与实践。

项目1　时装纸样设计基本概念

任务1　了解基本概念

1) 时装

时装是指时髦的、时兴的,具有时代感的流行服装,是相对于历史服装和常规性服装而言的、变化较为明显的新颖装扮,其特点是流行性和周期性。时装可分为两个层次:一是指前卫性的时装(mode,vogue),这类作品具有尝试性和先驱性,特点是艺术性和个性强烈;二是流行时装(fashion),指大批量投产、售出的服装及其流行状态,普及它的重要特征,靠广大消费者的选择来形成。

2) 高级时装

高级时装是指高级女装。高级时装是由巴黎19世纪中叶的服装设计师查尔斯·夫莱戴里克·沃斯(Charles Frederick Worth,1826—1895)创立的,以上层社会的夫人为顾客的高级女装店及其设计制作的高级手工女装。高级时装是由高级的设计、高级的材料、高级的做工、高昂的价格、高级的服用者和穿在高级的使用场合等要素构成的。每年的1月份和7月份在法国巴黎举办两次高级时装作品发布会。

3) 时装纸样

时装纸样是指现代时装样板中的专用语,也可以说是时装样板、纸样的总称。时装样板的设计既是款式造型设计的延伸和发展,又是缝制工艺的准备和基础。

4) 时装斜裁

时装斜裁是指裁片的中心线与布料的经纱方向呈45°夹角的裁剪法。在时装界公认的时装斜裁是由20世纪二三十年代的法国时装设计师马德琳·维奥内首创。斜裁在女式领与波浪形下摆的衣裙上应用较多。斜裁比一般裁剪法用料所费超出颇多,它的优势是斜裁产生的波浪分布自然均匀,微妙的丝缕映出别样的光泽,令孜孜追求高品位的设计师们爱不释手。

任务2　掌握时装纸样设计意义

时装样板设计与制作,最终就是要穿在人的身上,怎样把样板制作成漂亮、舒适、均衡,样板能够适用于个人和企业的使用,在平面展开后,应该是外形轮廓、内部结构形态、各部位组合方式、线条构成、比例、合体性程度上,且具有较高机能性的样板都应进行核对,使之达到实现时装样衣生产的目的。

项目2 时装纸样结构设计方法原理

任务1 掌握时装纸样结构设计方法

标准纸样基型的形态也叫作服装原型,它的作用是提供一个简单的衣片、袖片、裤片、裙片等的基本平面结构图的基本样式,它是以人台为基础的,用立体裁剪来得到拓型的形状,它是服装样板制作中最重要的原型尺寸。立体裁剪法是一种既古老又年轻的结构设计手法,在裁剪时要求操作者具有较高的审美能力,能运用艺术的眼光根据时装款式的需要进行结构设计。

1)标准纸样衣身基型

标准纸样衣身平面结构:

所作的标准纸样前后衣片基型图是平面的,在结构设计与制图时是将人体最大限度地概括成若干个平面,从而产生不同面积与形状的衣片。选择人体中主要的起伏点和转折线,是服装结构设计与制图平面的主要方法。我们把人体胸部面截面视为一个正圆形状,将圆周分为4等分,产生A、B、C、D4个点作纵向分割线,产生服装平面图,在服装制图中被称为"四开身结构",如图6.1所示。

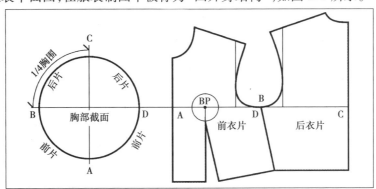

图6.1 标准纸样衣身平面结构

2)标准衣身的立体造型

用立体裁剪法进行衣身结构设计制成的时装,贴体合身,衣缝线条自然、流畅。立体造型的服装与人体模型的尺寸是一致的,因此,首先要在人体模型上用有色的丝带标出常用的部位,如胸围线、腰围线、臀围线、前后中心线、摆缝线、领围线、左右公主线等。

标准衣身立体裁剪操作:

①人台的整理,做好人体模型的基准线。

②取衣身前后片的两块坯布,其长为衣长 + 8 cm(预留量)、宽为:B/4 + 10 cm 的经向布料,将布料与人体模型复合一致。

③将前衣片布料直接放在人体模型上,对准前中心线和胸围线,用珠针固定。

④作领,按照人体模型上领围标示线,将多余的布剪去,并剪出放射状的剪口,以使领围平服,同时用珠针固定。

⑤按照人体模型上的肩线和胁线标示线,在布料上做出记号,然后剪去肩部、袖窿围和胁边处的多余布料,再处理好侧缝,并用珠针固定。

⑥将后衣片布料直接放在人体模型上,对准后中心线和胸围线,将前后侧边线在腰线处放出 1 cm 的松量,并用珠针固定。

⑦最后,用铅笔画出前后中心线、领口线、前后腰节线、袖窿线、胁省、侧缝线等部位的结构线,并整理完成衣片。

如图 6.2 所示。

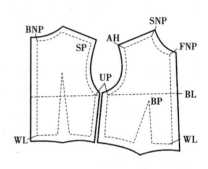

图 6.2　标准纸样衣身立体造型

3) 标准纸样衣袖基型

标准纸样衣袖平面结构:

在进行标准纸样衣袖片基型图平面设计时,根据人体臂膀自然前倾和弯曲的原理,袖片的袖山耸起呈弧形,是为了能和衣身袖窿紧密地相吻合。

袖窿的构成是根据人体腋窝的截面形状设计的,人体的腋窝围、腋窝深、腋窝宽是构成袖窿的要素,它们随着人体的紧围数值而变化。因为服装与人体之间总是要保持着一定的空隙,袖窿宽的间隙量,在实际的制图过程中,需要根据人体肩部和胸部的厚度,作出适当的调整,因此,它们所占胸围的比例为:腋窝围占胸围的 44.3% (已放松量);腋窝深占胸围的 14.7% (已放松量);腋窝宽占胸围的 13% (已放松量);1/2 前胸宽 = 紧胸围的 18.5% (已放松量);1/2 后背宽 = 紧胸围的 18.5% (已放松量)。还可以根据不同的比例设计法作出袖窿设计,如六分法的比例制图:袖窿深 = B/6 + 2 cm、前平宽 = B/6 + 1 cm、后平宽 = B/6 + 1.5 cm;十分法的比例制图:袖窿深 = B/10 + 8 cm、前平宽 = 1.5B/10 + 3 cm、后平宽 = 1.5B/10 + 4 cm,如图 6.3(a)所示。

将袖窿圆周在 C 点位置分开,AC 弧向 C_1 点移动,BC 弧向 C_2 点移动,随着冲肩量大小的改变,袖窿弧线的形状也将发生变化,但是袖窿弧线的长度不会改变。为了适应人体臂部的运动规律,还要将袖窿底部的弧线作出适当的调整,前衣片的袖窿弧线 BG 向里凹进 1 ~ 1.5 cm、后衣片的袖窿弧线 AG 向外 1.2 ~ 1.8 cm。在一般情况下可以基型胸围线向前移动 0.5 cm 为袖中线。袖子要通过袖窿与衣身组合在一起,所以袖山弧线与袖窿弧长两者设计要吻合,对于平装袖的袖山归笼吃量为 1 cm;对于圆装袖的袖山归笼吃量为 2.5 ~ 4 cm。当 AH 确定之后,袖山越高,袖宽就会越窄,袖子合体,袖形就好看,但活动量变小;袖山越低,袖宽就会越宽,袖子呈宽松形状,且袖子整个造型不够合体。图 6.3(b)中点画线部分是经过调整后的袖窿形状。

衣袖的立体造型:

衣袖的平面图在实际立体造型操作中,是模仿真人的手臂形状的,应尽量做到与其相吻合,这样抬起与装卸才能够使用起来方便。

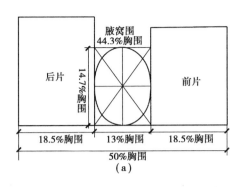 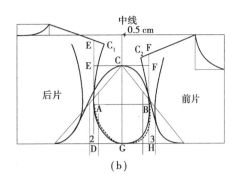

图 6.3　标准纸样衣袖平面结构

布手臂纸样结构的主要数据(女体胸围 B＝82 cm)。

①人体模型的臂根尺寸为:42% 胸围。

②布手臂的腕围尺寸为:20% 胸围。

③布手臂的臂围尺寸为:33% 胸围。

④布手臂的臂根对角线尺寸为:21% 胸围。

⑤布手臂前臂山高尺寸为:1.5/5 臂山高。后臂山高尺寸为:3/5 臂山高。

人体模型手臂纸样结构制图,如图 6.4 所示。

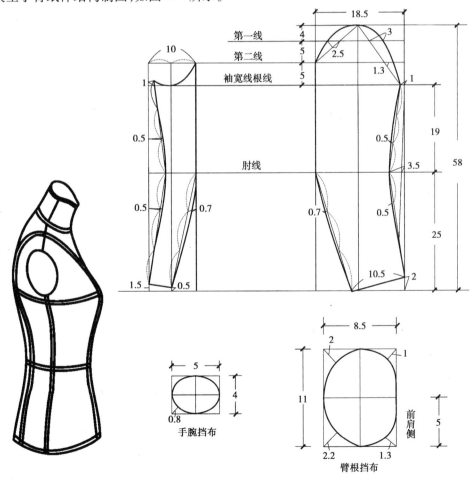

图 6.4　人体模型手臂纸样结构制图

①取手臂长尺寸为:58 cm、臂围宽尺寸为:18.5 cm、袖肘长尺寸为:23 cm。

②臂根挡布长尺寸为:11 cm、臂根挡布宽尺寸为:8.5 cm。

③手腕挡布长尺寸为:4 cm,手腕挡布宽尺寸为:5 cm。

④棉花包布的制图方法可根据手臂裁剪图绘制。

在实际的平面制图中,一般采用取平均值的方法来制图。

人体模型手臂的制作安装:

①将大、小片的基础线缝合。

②缝制中应始终保证大袖中线与小袖下线垂直。

③将臂根与手腕的挡布垫入厚的纸板,然后进行缩缝缝合处理。

④充填手臂棉花。根据手臂的形状上粗下细、肘部弯曲以及手臂上部与肩部圆顺相接的形状特征,增减棉花的放量。

⑤调整手臂的形状,将手腕的挡布中心对准腕口中心线,用针固定住,并缝合手臂与臂根挡布。

⑥将缝合好的手臂装到人体模型上,并用珠针固定住手臂上部的棉织带。

如图 6.5 所示。

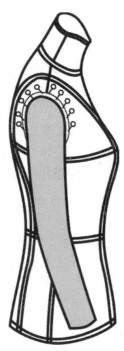

图 6.5 人体模型手臂的制作安装

任务2 掌握时装纸板结构设计原理

在设计学中,分割是一种设计手段,是通过认识空间、运用空间,从而掌握空间的。在时装设计中,分割线是为了表现造型的形式美感和装饰性的作用,通过各种不同的分割线来改变其服装的基本结构。因此,分割线的设计前提是要以服装造型与结构为基础,分割线的设计要与设计的实际款式特点相吻合,在处理分割线时所采用各种分割线的目的是使分割线与人体胸、腰、臀的凹凸点没有明显的偏差,使之达到外部轮廓造型与内部结构的各部位相符合。

下面就以时装纸样连衣裙的结构分割线设计为例。

1)分割线的设计原理

（1）分割线的造型对服装整体风格的影响

分割线与省道的本质完全相同，它是省道的深化与延伸。分割线的形式主要有：横向分割、竖向分割、斜向分割、曲向分割和弧分割等。通过对线条的起伏、转折等变化来表达设计师的意图和设计效果，使人体与服装造型表达得完美统一。

（2）分割线设计的位置对服装造型的影响

位置的设计既要考虑款式设计，又要考虑其功能特征。分割线位置发生变化，它的曲率形态也随之变化，人体的表面凹凸特征也发生变化。因此，分割线的设计必须以款式造型为依据，以人体为根本。

（3）分割线数量对服装造型的影响

一般来讲，分割线的数量越多，服装的合体程度就越高。如增加上衣的分割线来塑造胸凸、臀凸、腰部凹陷来表现女性胸、腰、臀的曲线，既美观又具有功能性。但是，过多的分割线容易造成杂乱，破坏整体效果。

综上所述，分割线的设计既独立又相互关联，在实际应用中，可以根据构思，结合人体特征与款式特点，选择具体相应的形状、位置与数量的分割线。

2)分割线的表现形式

时装的分割常有6种形式：垂直、水平、斜线、弧线、交错和非对称分割（图6.6）。

图6.6 分割线的表现形式

①垂直分割：时装的垂直分割具有强调高度的作用，由于视错的影响，面积越窄看起来显得越长，给人以修长挺拔之感，具有流畅优美的韵致。

②水平分割：水平分割能强调宽度，有平稳、庄重的视觉，给人以柔和、连绵的印象，水平线能够诱导人的视觉左右移动，产生视错。有单线分割、双线分割和多线分割。

③斜线分割：斜线分割会产生活泼的动感能，形成不对称的效果。斜度不同外观效果不同，接近垂直线的斜线比纯垂直分割的高度感更为强烈；接近水平线的斜线则降低高度，增加宽度；45°的斜线有掩饰体形的作用。

④弧线分割：弧线分割的原理与垂直、水平分割相同。它自古以来就是人们喜爱的装饰形式，有轻盈、安详、节奏的美，在古典与现代服装中被广泛运用。

⑤交错分割：两条线相交所产生的分割，分割的角度不同视觉效果也不相同。角度越小，锐利感与速度感越强烈，夹角大于90°时，视觉趋于平静和安定，将垂直或水平线与弧线作交错分割时，使人感到柔和、优美、形态的变化。

⑥非对称分割：在平稳中求变化，使人感到新奇、刺激，多用于时装设计，可使外观产生独特的艺术魅力。

以上6种分割方式，在实际设计中没有明确的界限，可以综合使用，在进行分割设计中，不仅要注意线条自身形状与性格，同时还要注意线条所构成的形式与设计风格。了解各种分割形式的变化特点及视觉心理,便于设计出变化多样的服装款式。

时装纸样制作好以后,首先应仔细地检查复核一遍,内容包括:号型和款式、规格尺寸、组合结构的合理性、缝制工艺的设计,要求与面、里、衬配件纸样所需要的片数、标注文字是否清楚等,如果是批量生产复核时还应对照设计图、规格单、工艺单等要求,并做好相应的记号说明。

项目3 时装纸样的结构设计技巧与实训

任务1 掌握时装纸样的结构设计技巧

在整个服装设计的过程中,时装纸样的结构设计技巧有它的特殊性,表现在:

第一,时装纸样设计必须以人体的结构和活动规律为基础,那么在纸样设计的任何一个环节上,都要找出它们所依据的基础模型,而这个模型不是通过某件衣服来制订的,因为无论哪种服装,都是一种特殊的状态,它与模型所具备的性质是不同的,模型要具有普遍性,这种普遍性只有从穿衣服的人身上去寻找。

第二,时装的社会文化属性又要求纸样设计不能像其他的造型那样基于普遍而固定的使用功能的造型规律进行,而是最大限度地满足不同民族的文化性、地域性、生活习惯、性格表现、审美情绪等不同需求。

第三,时装纸样的结构设计不仅要考虑穿着人的造型款式,还有考虑造型款式与服装材料之间的关系。

因此,时装纸样设计不能被局限在一般的结构构成学知识里面,而要去寻找出它的特殊构成模型与结构规律。

任务2 时装纸样结构设计与实训

1)纸样结构设计方法

时装纸样结构设计的方法有旋转展开法、剪叠褶皱法、综合组合法等。它是一种基于实体和基于特征的方法使某图形展开,采用横线、竖线、弧线、曲线等方式进行辐射达到增加需要的长度和面积的方法,使服装的形态产生出各种具有一定装饰性的效果。

如圆袖变化的结构,首先,在袖型标准板(图6.7)的基础上进行变化,每根竖线为剪开线,将平行方向移动的为泡泡袖式、将袖山方向展开的为喇叭袖式、将袖口方向展开的为灯笼袖式,在展开纸样的袖山弧线、袖中线、袖口弧线等部位均要进行修正画顺。

如图6.8为平行方向移动——泡泡袖式。

如图6.9为袖山方向展开——喇叭袖式。

如图6.10为袖口方向展开——灯笼袖式。

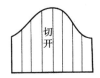 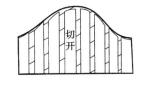 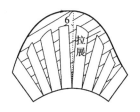 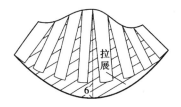

图6.7　袖型标准板　　　图6.8　为平行方向移动　　　图6.9　为袖山方向展开　　　图6.10　为袖口方向展开

2)纸样结构设计实训

实训操作案例(以袖子为例):

(1)平行展开法

平行展开法是指充分利用图形线条的分割方法,通过这种模式的分割进行平行与对称或相似的展开法的处理,使图形在结构上的特征有所改变,达到造型在分割线中与结构的统一协调。

以基本袖片为基准来确定平行展开,如图6.11和图6.12所示。

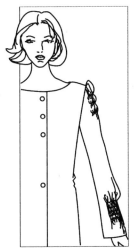 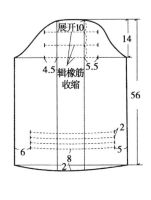

图6.11　平行展开袖式造型与结构图

 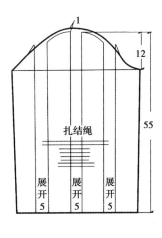

图6.12　平行展开袖式造型与结构图

187

（2）旋转展开法

旋转展开法是指会产生波浪的造型,波浪可以从上往下,也可以从肘部往下,不同大小的波浪能够显示出不同的穿着效果。

以基本袖片为基准来确定旋转展开,如图6.13所示。

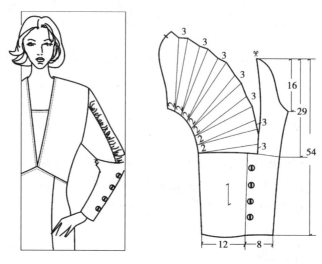

图6.13　旋转展开袖式造型与结构图

（3）剪叠褶皱法

剪叠褶皱法是指利用图形某部位的省量剪开,同时放出一定的追加褶皱量,使原有图形的形式产生变化,如袖山处剪叠褶皱,在剪开等分线上各加出所需要的褶量,并标注部位尺寸和面料布纹的方向。

以基本袖片为基准来确定剪叠褶皱展开,如图6.13所示。

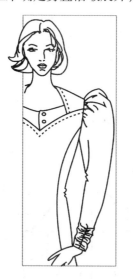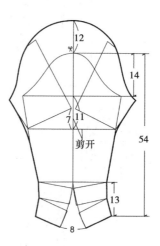

图6.14　剪叠褶皱袖式造型与结构图

（4）综合组合法

所谓纸样的综合组合法是指在图形中分别转移到分割线处的设计应用,通过转移或剪开的方式对纸样构成进行解构与重新组合。

以基本袖片为基准来确定拼接组合展开,如图6.15所示。

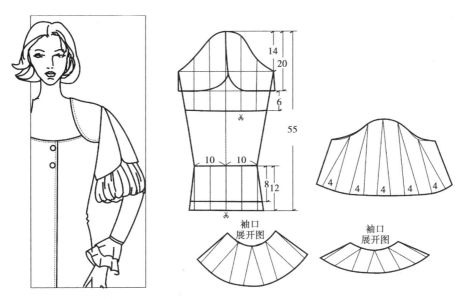

图6.15　综合组合袖式造型与结构图

项目4　时装纸样对条对格结构设计范例与实训

　　人体是对称形态的,在条格时装纸样的结构设计中,时装纸样是对称的,因此,服装裁片很多是左右对称的。采用对条对格以及某些整体性较强的图案面料制作服装,目的是为了外形的美观,处理好对条、对格、对花主要是排料、裁剪、制作等工序所要考虑的。

任务1　掌握对条、对格、对花面料的处理

　　衣料的格型主要有对称和倒顺型两大类。

1)对条与对格

　　当衣料的格型有倒顺时,称为倒顺格,这时候排列衣片的方向要求是朝着一个方向的结构。在左右衣片对格时,也必须在倒顺格型中寻找一个较为主要的或是明显的格子作为主格,并以此为依据,对衣片进行对格的处理。

　　①在排料时,必须将样板按设计要求摆放在相应的位置,否则将会错条错格。第一,服装衣片和各零部件的外形轮廓各不同,有方有圆、有长有短、有直有斜、有凹有凸等形状,可以进行不同形状的套排方式。第二,在排料时还应注意对材料的方向的平行,如服装材料有经向、纬向、斜向之分,其性能也各不相同。第三,还有一些条格面料颜色的搭配与条格的排列变化也有方向性的。

②在裁剪时,为了达到对条对格的目的,需要把打样、排料、铺料、裁剪(双层或多层)四道工序相互配合共同完成。由于面料丝缕的方向不同,经向伸缩性较大,纬向伸缩性较小,所以应仔细辨别裁片的不同。如上衣的左前衣片和前衣右片、左袖和右袖;下装的左前裤片和右前裤片,在实际操作中,通常只要预备对称的其中一块,然后在上面写明需要裁剪的数量,如需要2块或4块等。

③在制作时,首先应看裁片是否符合要求,如果发现有的条格对不齐或存在偏差情况,应予以修正。当然,在制作的过程中对竖条、横条的对准,也应注意缝辑线的松紧度、褶皱等现象。

2)对花面料的图案

①对称部位的花形,花型大多的图案为团花、福、禄、寿、龙、凤凰等,其整体不可分割,但某些时装需对花的处理。

②一般要求在门襟、肩部、背部、侧摆、袖部等部位,都应保持花形的完整,体现图案及装饰内容是对称形态的。

任务2 掌握倒顺毛、倒顺花面料的处理

①倒顺毛,是衣片表面的绒毛呈方向性倒伏,会产生折光不一现象,制成服装显得很难看。在制作中,要弄清楚加工要求,必须掌握毛的朝向一致性的原则。

②倒顺花,在处理倒顺花首先要弄清楚裁片上图案的方向在设计与制作中的具体规定和要求,如在某些散花形图案中有一个或数个的排列是趋向同一个方向的,初看颠颠倒到的,细看却有呼应。因此在时装纸样设计中,主要裁片的呼应图案不能相混,图案应朝向统一的方向。

任务3 服装的排料范例实训

排料是整个服装制作过程中的重要组成部分,是一项很严谨、细致的工作。排料技能的高低,直接影响着服装的质量。因此,排料前必须对时装款式的设计要求和制作工艺进行了解,对使用的服装材料的性能特点有所认识,排料中必须根据设计要求和制作工艺决定每片样板的排列位置。

以女式大衣为例,如图6.16所示。

图6.16 女式大衣款式图

具体操作步骤如图 6.17 所示。

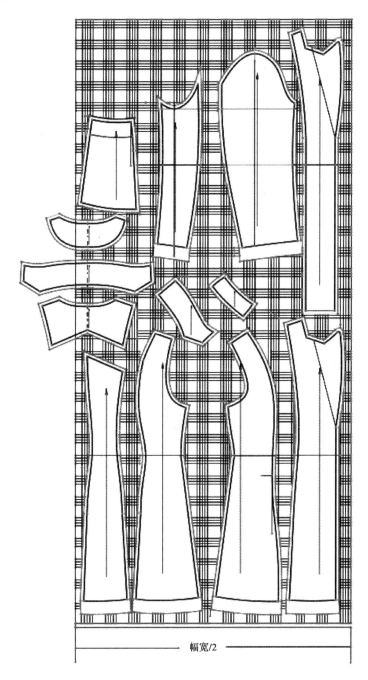

幅宽/2

图 6.17　女式大衣款式排料图

①在大衣前后衣片腰节线、后领中心线、衣身与袖窿之间所设置的线条为各部位对格对条线。

②确定前衣片与大袖片的对条对格缝合处。

把袖山点放在竖条的中间位置,再把横条与前衣片的格子相对。在前肩点沿袖窿弧线向下测量 12～13 cm处,再从袖山中点沿袖山弧线向前袖测量相等的长度,同时再加上 1.5～2 cm 的归笼量,这样前衣身与袖片的对条对格位置就是缝合处。

③后衣片与领子的对条对格缝合处。

领子的后中心位置与后衣片衣身的中心对准竖条,接着再对准横条。

④确定各衣片的对条对格的相应位置。

主要是对挂面驳头的装领子的对条对格位置的处理,先确定领子的条纹格子在什么位置,再将驳头装领点的位置与领子相同的条纹格子对齐。确定各衣片平行移到所需要裁剪相对的对条对格位置。

⑤各衣片不能互相重叠,各衣片裁剪时的对条对格的位置要准确,并做好相应的记号。

思考与实训题

1.时装纸样设计方法有哪几种?

2.请你总结一下时装纸样结构设计的基本内涵,并举例说明。

3.根据你所学的结构设计原理与方法设计3套时装款式的纸样,按1:1比例完成。

模块7
服饰配件结构设计

■■■■■■

知识目标

    对服饰配件的结构设计流程形成理性认识的总体思路,使之贯穿到整体服装造型设计对着装者所产生的影响。

技能目标

    掌握服饰配件的结构设计要点和原则以及具体操作方法;在学习过程中,注重创造性思维和动手能力的培养,能够熟练完成不同风格配件的作品。

项目1 服饰配件结构设计 基础知识

任务1 了解基本概念

①服饰,是指衣服及其装饰品的总称,是人类穿戴、装扮自身的一种生活行为,包括衣服上的装饰及装饰图案和衣服之外的鞋帽、围巾、手套、提包、腰带、首饰等配件。

②服饰搭配,是指人们在穿着的时候,服装上衣与下装的搭配、内衣与外衣的搭配,还有衣服上的装饰物在款式造型、色彩搭配、材质特征、不同风格等方面的组合关系。

③服装,含义有两种解释:一是与衣裳、衣服同等意思的一种现代称谓,也是成衣的同义词;二是指人与衣服的总和,是人们穿戴、装扮自身的一种生活行为,是人在着装后所形成的一种状态。在我们日常生活中常讲的"衣服美"与"服装美"是有很大区别的,衣服美是指一种纯物质的美;而服装美是指人与物的高度统一、协调所形成的一种着装后的状态美。

服饰是一门美化人体的艺术,即是一门塑造人体美的艺术,它包括两个层面:一是人的形体美,二是通过社会生活中人的言行所表现出的内在美。

任务2 掌握服饰的分类

①头戴物:头饰(各民族)、帽子、头巾、假发、发夹等。

②面饰:面具、面纱、披纱、耳环、项链等。

③胸饰:胸花、胸针、胸链、胸扣等。

④手臂饰:戒指、手镯、手链、手套、手笼、手巾、袖套、袖筒等。

⑤带饰:领带、领结、领夹、围巾、披巾、腰带等。

⑥足饰:鞋、靴、袜、绑腿等。

⑦实用性及装饰性:眼镜、手表 、手杖、围裙、伞、包、箱、袋、盒、扇子等。

任务3 熟悉服饰配件结构设计造型要素

点、线、面是服饰结构设计的造型要素。

①点是造型设计中最小的元素,是具有一定空间位置、有一定大小形状的视觉单位,同样也是构成服饰形态的基本要素。在服装中主要表现为扣子、肩扣、腰扣、胸花、口袋、首饰配件等较小的形状,如只用

一粒扣子做装饰,则一定会选择较大精美的扣子以强调着重点的装饰部位;如用双排扣在门襟对称排列,会使服装产生安定、平衡之感。因此,点具有突出、醒目且标示位置的作用。

②线有粗、细、曲、直之分,且还具有方向性、运动性以及特有的变化性,使线条具有丰富的表现力,各种服饰款式所表达的情趣都是通过线条的具体组合排列而成的,如太阳帽、棒球帽或其他类型的运动帽上都有缝接线、分割线、装饰线的大量运用,分割线在外观上能使各部位的比例发生变化,因而产生了不同的视觉效果;针对体型过胖或过矮的人应采用竖线分割,由于竖线条能够引导视线向高处移动,使人感觉线在向上延伸;傣族妇女之所以显得修长而苗条,是因为她们的裙子除了细长之外,最主要的是裙腰节线的提高使人的体型有变高之感。在结构设计中应按照比例、均衡的美学法则,运用好各种线条的变化,这对于提高服饰美的效果起到重要的作用。

③面是服饰造型设计的又一个重要因素,是一个二维空间的概念,因此,它有一定的幅度和形状,如正方形、三角形、圆形、不规则形等。在服饰造型中,可以说平面几何形是服饰造型的主体,面的作用在于分割空间,面的表现主要依据面的边缘线而呈现。如衣片的分割部位,造成前片、后片、肩、袖、领等各个部位的大小比例变化,达到最佳合理的比例,以活跃款式内部结构块面的变化。因此,运用面的变化分割、组合造型,力求达到服饰适应人体活动与装饰的最佳效果。

因此,在服装造型与内部的结构设计中,对点、线、面的运用应该要有所侧重,或以不同的线条为主,或以不同的块面为主,或以用点作为要素突出,使之达到服装具有实用功能,即具备服装立体造型所需要的结构性,符合人体比例、穿着舒适又有形式美感。

任务4　掌握现代生活中服饰搭配的重要性

1)现代服饰是揭示人体的一种符号

人人都爱美,在大自然中欣赏花开花落,感到它的尽善尽美,在城市或在学校里看的则是色彩缤纷的各色各样的服装和饰物,尤其是女学生的服饰更令人眼花缭乱、应接不暇。现代服饰早已成为人们的自然"第二皮肤",成为揭示人体的一种符号,你完全可以读得出来。服装发展到今天,衣与人的精神文化和物质文化早已形成一体,现代的服装融科学技术和艺术设计于一身,充分展现了现代人们的生活状态、审美理想与追求,精心营造着人们美丽的外观和精神气质,美化着人们的生活和环境。

2)揭示着装者的身份、个性、气质、修养和审美水平

现代人的着装可以说是各取所好,尤其是青年人更是无所顾忌了,想怎么穿就怎么穿,谁管别人怎么看,只要自己觉得好就可以了。对每个人来说,服饰是表现其身份、个性、气质的一种符号。衣物作为非语言性的信息传达媒体,把着装者的社会地位、职业、文化素养、个性等印象传递给别人,并能体现着装者的人格、实现人与人的良好交往。

3)反映着装者对服饰文化的追求

我们说服饰文化的追求有两个层面:一是在创造美、追求美,让美的追求成为服饰文化的中心;二是对现代物质文化与精神文化的追求,这是服饰文化的核心内容。从古到今,历朝历代的服饰都是为当时的社会风尚和对美的认识而决定的,这就是服饰文明,也是社会文明的体现。我国的服装与西方不同,我国意在遮盖,重视装饰作用。大约距今两万年前,人类已经懂得将兽皮割成各种不同形状的皮片,在《礼记·王制》中记载:"中国戎夷,五方之民,皆有性也,不可推移。东方曰夷、被发文身;南方曰蛮、雕题交趾;西方曰戎、被发皮衣;北方曰狄、衣羽毛穴居。"夷是指我国古代东部民族,蛮是指南部民族,戎是指西

部民族,狄是指少数民族的统称。从这些文字记述中,我们大致可推测到我们的祖先用以覆体的形式,用一些茎、叶、羽、皮来保护自己。我国的章服制度始于周代,当时帝王的服装叫冕服,不同场合有不同的服装,如上朝用的有朝服、兵服、田猎服等。章服制度一直沿用到清末。明清时期的"补子"文化,就是在官服的前胸、背面均缀有用金线和彩丝绣成的服装,是用来标志官位品级的。文官绣鸟,武官绣兽,如文官一品仙鹤、二品锦鸡、三品孔雀、四品云雁、五品白鹇、六品鹭鸶、七品鸂鶒、八品黄鹂、九品鹌鹑等;武官一品麒麟、二品狮子、三品老虎、四品豹、五品熊、六品彪、七八品犀牛、九品海马。其余杂职绣练鹊,凡宪宜(法宜)绣獬豸。补子它具有明显符号意义的图案,同时也不失形式之美。服饰搭配不仅显示个人形象,表达礼仪,赢得社会尊重,而且成为人们交往的一种必要手段。

4) 显示着装者的品位、风格

人的服装搭配各有自己的想法,通过观察我们可以发现着装者的品位,着装者的在文化素质,审美情趣方面的体现,及其对服饰文化的不同审美层次,同时也展现出着装者的服饰风格。不同国家、不同民族、不同地区的人们在着装时,都会程度不同地体现出该国家、民族和地区的着装风格。从专业角度来定服饰风格的分类,一般有民族风格、田园风格、都市系列风格、怀旧风格、嬉皮士风格等。

项目2　服饰搭配与服装的关系

服饰配件与服装是人类生活中不可缺少的组成部分,也是精神文明和物质文明的体现。它们处于共同的发展演变过程中,同属于人类文明的标志和服饰文化范畴,由于服饰配件的材料与服装材料不同,而形成不同材质的对比美,使人的整体着装效果更丰富,不同的服饰配件有着不同的结构设计特点,但都是用一定的技术、一定的艺术语言,创造服饰配件的造型,并合理运用色彩,将设计构思,通过一定的工艺手段得以实现,获得完美的服饰作品。

服装与服饰之间搭配的美是怎样产生的? 服装与服装之间如何搭配才能产生最好的美学效果? 服装服饰的美就像世界上一切美好的事物,就像一幅美丽的画,一首激动人心的音乐,一个丰富多彩的人生,一个健康的身体,皆因为"均衡"才和谐,因为和谐才美,这个均衡表现在服装的色彩、面料、款式的均衡。

服饰配件与服装的色彩搭配也是非常重要的一个方面。如金、银做的项链、耳环、戒指等,它的体积较小,色彩也属于中性的色彩,一般可以与任何色彩配搭;又如鞋子、帽子、围巾、腰带、提包等饰品,与服装的色彩协调时,就显得优雅而大方,如果与服装的色彩成对比关系时,就显得活泼而跳跃些等。因此,色彩是服饰配件视觉效果的基础之一,起到了强化服装效果的作用。

服装面料的轻重、厚薄、挺括、下垂、粗硬与柔软等。如当你服饰配套色彩采用某一种色调时,尽量选择不同的面料,使之产生不同的光感而营造趣味性与复杂性。如白色礼服的装束,上衣的面料是软缎的,下摆裙是硬呢绒的,手套是光缎的,面纱是乔其纱的,首饰是银金属的。还可以建立起相关事物联系法,又如穿套装、工装、连衣裙等,采用丝巾、胸针、手镯的点缀法,起到画龙点睛的作用,使服装有了生气。

任务 1　掌握服饰搭配的一种原则

TPO 是英文 Time，Place，Occasion 3 个词首字母的缩写。T 代表时间、季节、时令、时代、流行性时代感因素。P 代表地点，是指穿用的环境，而且主要指社会人文环境，如办公室、会议室等工作场所；晚会、宴会等社交场所；旅游、避暑、娱乐场所，所穿的衣服就有工作服、职业服、礼服和休闲服之分。O 代表场合、时机、机会，指具体的生活场景。比如同样是晚餐会，由社会地位较高者主办的有重要人物出席的正式晚宴和一般的晚宴在规格上就大不一样，而且出席者的穿戴也自然不同。在西方，一般请柬上注明着装要求，如写着"请系白领结"就说明这是一个规格很高的晚会，要穿燕尾服；如果写着"请系黑领结"就是说明是略式晚会，可以穿小礼服。着装的 TPO 原则是服装设计的、需求方面的设计定位，是世界通行的着装打扮的最基本的原则。它要求人们的服饰应力求和谐，以和谐为美，给人留下良好的印象。

任务 2　掌握服饰搭配的方法与技巧

①搭建一个"基础平台"，指服装的基本款式造型、高质量的鞋子、提包、首饰、手表、围巾、大衣、帽子、手套等基本颜色。

②设想一个主题，指将自己所有的服饰都考虑进去，认真地看一看它们之间是不是达到整体的统一和协调，再把鞋、首饰、提包的颜色取之于上下衣中的一个颜色。

③选择一个花点和亮点，花点指的是服装中最好有一个带有图案元素的服饰，这样服装显得丰富多彩；亮点指的是首饰、手表要带有亮光。

④找准一个"披挂、披肩"，用一个不寻常的披肩或披挂，再用一个独出心裁的穿法。

⑤要有一个重点，指的是鞋子为关键所在，鞋一定要上档次。而且提包和鞋子的颜色要与自己服装的颜色有明显的相关性，最好是服装中的一种颜色。

服饰搭配作为艺术设计的一种，是以追求发挥服装的最佳组合来烘托人体美为其目的的。事实上，只要你学习懂得一些服饰搭配的基本原则，一些简单的技巧，你每天就可以创造奇迹。

项目3　服饰配件结构设计与实训

任务 1　帽子的结构设计

帽子的形成与发展同其他服饰品一样，也是在环境、条件、审美等众多因素的影响下逐渐产生和发展的。

1）帽子各部位的结构名称

①平顶形帽的结构名称：帽身、帽围、帽盆，如图7.1所示。

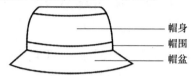

帽身
帽围
帽盆

图7.1 平顶形帽结构名称

②圆顶形帽的结构名称：帽片、帽腰、帽盆，如图7.2所示。

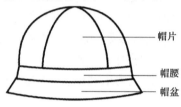

帽片

帽腰
帽盆

图7.2 圆顶形帽结构名称

2）帽子的测量尺寸方法

帽子的造型变化很多，但结构并不复杂，需要的规格尺寸也不多，测量的部位有两个，即头围（帽围）和头高（帽高）。

头围 HS 的测量：从额头发际线至后脑最突出的部位围量一周（放松量以插入两个手指为宜），所得的长度。

头高 RL 的测量：从左耳根上 1 cm，经头顶到右耳根上 1 cm。

如图7.3所示。

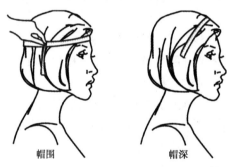

帽围   帽深

图7.3 帽子测量尺寸方法

3）帽子的基本结构

①帽顶：帽顶的大小可按 HS/6 或 HS/6.28 加减调节数设计，如图7.4所示。

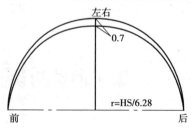

左右

0.7

r=HS/6.28

前   后

图7.4 帽顶结构图

②帽高(帽围):帽高的大小可按 HS/10 加 1～2.5 cm 调节数设计;也可按 9 cm 定值设计,如图 7.5 所示。

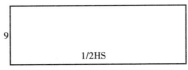

图 7.5 帽高结构图

③帽檐:其结构设计,如图 7.6 所示。

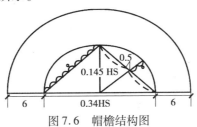

图 7.6 帽檐结构图

4)常见的帽形结构设计

(1)童帽

规格:HS = 51 cm。

结构设计:如图 7.7 所示。

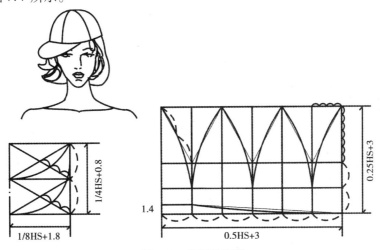

图 7.7 童帽结构图

(2)晴雨帽

规格:HS = 56 cm。

结构设计:如图 7.8 所示。

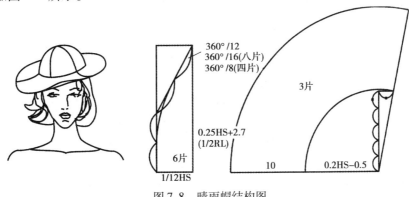

图 7.8 晴雨帽结构图

（3）贝雷帽（辑明线）

规格：HS = 56 cm。

结构设计：如图7.9所示。

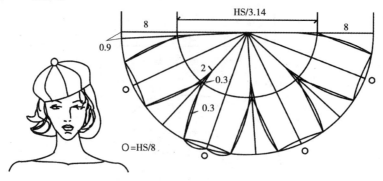

图7.9　贝雷帽结构图

（4）鸭舌帽（辑明线）

规格：HS = 60 cm。

结构设计：如图7.10所示。

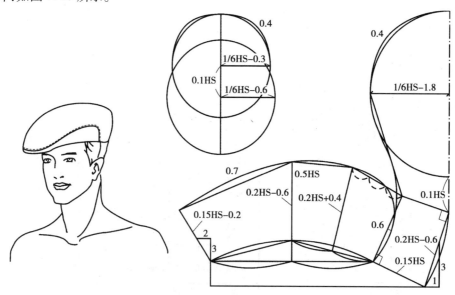

图7.10　鸭舌帽结构图

任务2　领带的结构设计

1）领带的起源

领带的历史比较悠久，早在罗马帝国的兴盛时期，曾流行着这样一种风格，人们喜欢将一块柔软的布料围在脖子上，尤其是在军队里更为广泛。当时，罗马帝国曾派遣许多士兵去北方边疆卫城。这些军人在出征前将自己的妻子儿女、老父老母赠送的布条围在脖子上，来寄托对遥远家乡的亲人们的思念，以后在欧洲发生的许多次战争中，士兵们都将布条围在自己的脖子上。

17世纪，作为路易十四雇佣军队的十字军，士兵们也都用一种色彩鲜艳的布条围在脖子上，把它作为一种护身符。后来,这种情况引起了好奇心强的巴黎人的注意,给它起了一个名字叫"科劳阿脱"(Collerette)。并在这根布条的基础上不断地从款式、材料、色彩、花纹等方面改进,使布条有了本质的变化,很快在一些贵族中流行起来,蔚然成风,成了一条华丽的装饰品。

2）领带的一般尺寸

一条普通的领带,连接两边的中间位置就称作中继,所使用的布料也一定是采斜45°剪裁,且整条领带长度为135～137 cm。随着流行时尚变化的是领带本身的宽度,目前所流行的领带宽度为9～10 cm,反过来看领带内侧时,则可见代表品牌的标签环及布料成分的标签。

3）领带的种类

领带从形态特征上分,通常有以下几种:

箭头型领带:是领带中最基本的样式,系用者最为普遍。领带的大小两端的头部都呈三角形的箭头状,故称箭头型领带,如图7.11所示。

平头型领带:是领带的一种式样变化。造型比箭头型领带略短而窄,大多是素色或提花的针织物材质,因该领带的两端呈平状,故称平头型领带,如图7.12所示。

图7.11　箭头型领带　　　　　　　　　　　　　图7.12　平头型领带

线环领带:又称丝绳领带。结构较为简单,用一根彩色的丝绳在衣领中环绕,穿过前面中间有金属的套口。线环领带系用后显得轻松活泼,如图7.13所示。

缎带领结:又称西部式领带。一黑色或紫色缎带在衣领下前方中间系一蝴蝶结作为装饰,如图7.14所示。

图7.13　线环领带　　　　　　　　　　　　　图7.14　缎带领结

宽型领带:在国外称为阿司阔领带(Ascot),是领带的品种样式之一,在欧美各国原是在结婚典礼上用,如图7.15所示。

片状领带:是传统的一种样式,以两层绸料缝合而成,较短,宽度为4~5 cm,系用时两端头部交叠合,中间用领带别针固定,色彩以黑色为主,如图7.16所示。

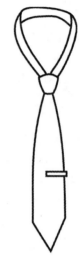

图7.15　宽型领带　　　　　　　　　　　　　图7.16　片状领带

4)领带的传统结戴方式

(1)平型式

适用于大部分的领带和几乎所有的衬衫领。需注意:领带结要与衬衫领和谐搭配,不宜过紧,也不宜过松,领带的最宽部分应位于腰带处,如图7.17所示。

图7.17　平型式系法

(2)中型式

中型式系法如图7.18所示。

图7.18　中型式系法

(3)准温莎式

由Windsor公爵引起潮流的温莎结是种非常英国式的漂亮领带结法。它体积大,因此适合系在分得很开的衣领上(例如意大利衣领),如图7.19所示。

图 7.19　准温莎式系法

（4）领结式

领结式系法如图 7.20 所示。

图 7.20　领结式系法

（5）缎带式

缎带式系法如图 7.21 所示。

图 7.21　缎带式系法

任务3　手套的结构设计

1）手套的分类

①按制作材料可分为线织手套、各种皮手套、织物手套、橡胶手套、塑料手套等。

②按用途分为日用手套、礼服手套、运动手套、工作手套等。

③按形态分为长筒手套、短手套、连指手套、分指手套、露指手套等。

如图 7.22 所示。

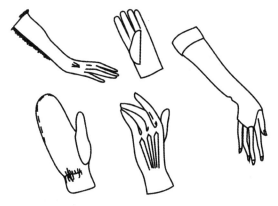

图 7.22　手套的分类

手套的制作首先要考虑其功能,同时要考虑使用者的年龄、性别以及材质等。

2) 规格设计

手长(HC)=20 cm   手围(HW)=21 cm

3) 手套的结构设计

①连指棉手套结构设计,如图7.23 所示。

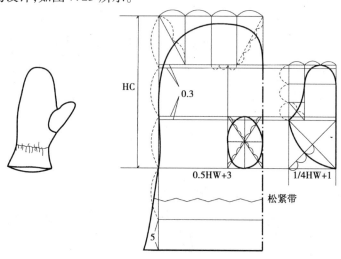

图7.23　连指棉手套结构图

②合体手套结构设计,如图7.24 所示。

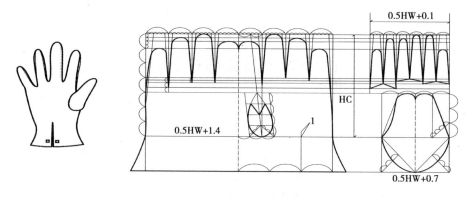

图7.24　合体手套结构图

任务4　箱包的结构设计

1) 箱包的分类

箱包的形式较多,分类的方法有以下几种:

①按材料与装饰分类,如皮夹包、布艺包、编织手提包、塑料金属包等。

②按款式造型分类,如筒包、沙滩包、女士提包、自然休闲包、时装包等。

③按实用功能用途分类,如公文包、宴会包、化妆包、腰包、相机包、行李包、学生包、军用背包、午餐提包等。

2) 箱包的各部位名称

箱包各部位名称包括:提手、包盖、前面、后面、侧面、底面,如图7.25所示。

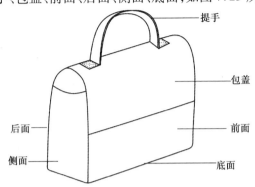

图7.25　包的各部位名称

3) 箱包的结构设计

①化妆包结构设计,如图7.26所示。

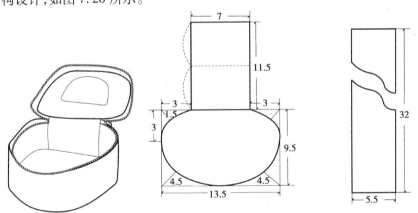

图7.26　化妆包结构图

②腰包结构设计,如图7.27所示。

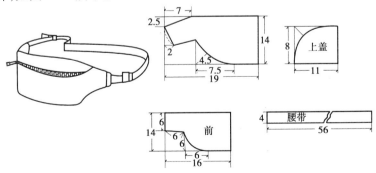

图7.27　腰包结构图

③休闲手提包结构设计,如图7.28所示。

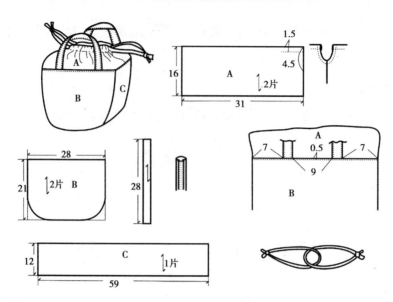

图 7.28　休闲手提包结构图

 思考与实训题

1. 简述服装整体的搭配美是如何产生的以及美好服饰搭配的意义。

2. 能够自己设计配件的式样并动手制作两款。

3. 掌握各个式样领带的不同系法。

模块8
成衣系列工业板型推板设计

■■■■■■
知识目标

　　了解服装工业样板的分类;掌握成衣系列工业样板的制作程序。

技能目标

　　熟悉成衣系列规格设计的基本设置方法;进行成衣系列工业样板的推板与制作。

成衣系列工业样板是服装生产企业必不可少的、十分重要的技术性生产依据,是实现服装款式造型的根本途径。工业样板,广义是指包括成衣制造企业生产所使用的一切服装样板,但说到服装工业样板,常常是指一整套从小号到大号的系列化样板。系列样板是服装工业化生产中不可缺少的重要环节,决定着成衣的质量和商品的性能。

成衣系列样板设计是一项技术性、科学性较强的工作,要求计算准确,科学严谨,度量、画线、缩放准确无误。服装工业样板通常按照用途分为裁剪样板和工艺样板,采用人工制板和计算机辅助制板两种制作方式完成。制板过程包括纸样设计、标准板的绘制和系列推板设计。

项目1 成衣系列规格设计

任务1 熟悉制作成衣系列样板的准备

1)技术资料的准备

技术资料是服装企业生产产品的核心内容,是制作样板的直接依据。

①产品的相关资料:可以是实物、效果图、款式图或者结构图纸。

②产品的技术标准:产品的规格标准、产品的细部标准和产品的质量标准等。

③产品的工艺标准:产品的构成形式、部位部件的缝制工艺标准以及后期整理工艺,如洗水、磨砂等方式。

④材料性能:面辅料的成分、质地和物理、化学性能,如缩水率、热缩率和抗摩擦等情况。

2)工具材料的准备

①绘图工具:直尺、三角尺、曲线板、量角器、圆规和铅笔等。

②打板工具:擂盘(擂印、定位画线)、锥子(定位、标记)、钻子(打孔定位)、剪刀、砂布或砂纸(修边、打磨)、号码章(样板编号)、样板边章、订书机、胶水等。

③打板纸:打板用的纸张要求不能太薄,要平整、光洁、坚韧、伸缩性小。常用的样板纸有:软样板用的牛皮纸,硬样板用的裱卡纸和黄板纸。工艺样板由于使用频繁,可采用耐磨耐用的纸板、薄白铁皮或铜片。

④排板纸:成卷的纸张,有不同的宽度、颜色和厚度。

任务2 熟悉成衣系列工业样板的制作程序

1)成衣净缝样板设计

净缝样板设计需要借助服装结构设计的原理和方法,利用平面和立体的结构设计手段,将衣片展开成平面的纸样,并标注出各衣片相互之间的组合关系、组合部位以及各类附件的组装位置,使各衣片能准确地组装缝合。净样板经过样衣试制后,被确认下来作为标准的样板以备使用。

成衣净缝样板加放成毛样板:

成衣净缝样板在所需的整体尺寸工艺上是不符合实际生产要求的,需要将其加放一定的缝量转制成毛样板,加放缝量包括多种因素,要全面考虑,准确掌握。

①缝份:又称缝头、做缝、放缝,是净样板周边另外加出的放缝,是需要缝合的量份,根据缝制工艺确定其大小。

②折边:服装的边缘部位多采用折边工艺来处理,如底摆、袖口、裤口、裙摆、口袋、开衩、开口等部位,且量份不同,参考数据如表8.1所示。

表8.1　常见服装折边放量参考数据　　　　　　单位:cm

部　　位	常见服装折边放量参考
底　　摆	大衣5,毛料上衣4,一般材料上衣2.5~3.5,衬衫2~2.5
袖　　口	一般和底摆一致,或者减少0.5
裙　　摆	一般3~4
裤　　口	一般3~4
门　　襟	根据款式工艺确定,一般3.5~6
开　　口	开口多有纽扣和拉链,一般1.5~2
开　　衩	上装背衩大衣4~6,西装4,袖衩2~2.5,裙子、旗袍3~4

③放头:根据人体某些容易发展变化的部位,除去应加放的缝头外,再多加放些余量以备放大,加肥之需一般为1.5 cm左右,如高档服装的背缝、摆缝、肩缝、袖缝、下裆缝、后裆缝等。

④里外容:是指两层或者多层构合的部位,必须使表层适量大于底层并吐出少许,达到下层不翻翘的效果,如驳头止口、袋盖、领子等处。

⑤缩水率:织物的缩水率主要取决于纤维的特性、织物的组织结构、织物的厚度、织物的后整理和缩水的方法等。将材料进行缩水试验,测定其经、纬向的缩水百分率,对衣片上各主要部件加放相应的备缩量。如面料经缩3%,则应对100 cm的裤长加长3 cm。经纱方向的缩水率通常比纬纱方向的缩水率大。

常见织物的缩水率参考数据,如表8.2所示。

表8.2　常见织物的缩水率参考数据　　　　　　单位:cm

各种衣料		品　　种	缩水率/%	
			经向(长度方向)	纬向(门幅方向)
印染棉布	丝光布	平布、斜纹、哔叽、贡呢	3.5~4	3~3.5
		府绸	4.5	2
		纱(线)卡其、纱(线)华达呢	5~5.5	2
	本光布	平布、纱卡其、纱斜纹、纱华达呢	6~6.5	2~2.5
	防缩整理的各类印染布		1~2	1~2

续表

各种衣料			品　种	缩水率/%	
				经向(长度方向)	纬向(门幅方向)
色织棉布			男女线呢	8	8
			条格府绸	5	2
			被单布	9	5
			劳动布(预缩)	5	5
绒呢	精纺呢线		纯毛或含毛量在70%以上	3.5	3
			一般织品	4	3.5
	粗纺呢线		呢面或紧密的露纹织物	3.5~4	3.5~4
			绒面织物	4.5~5	4.5~5
			组织结构比较稀松的织物	5以上	5以上
丝绸			桑蚕丝织物(真丝)	5	2
			桑蚕丝织物与其他纤维交织物	5	3
			绉线织品和绞纱织物	10	3
化纤织品			粘胶纤维织物	10	8
			涤棉混纺织品	1~1.5	1
			精纺化纤织物	2~4.5	1.5~4
			化纤仿丝绸织物	2~8	2~3

⑥热缩率:织物的热缩率主要取决于纤维的特性、织物的密度、织物的后整理和熨烫的温度等,如材料遇热后的收缩百分比、局部衣片经过黏合、熨烫后会出现收缩现象,从而影响到成品的规格尺寸,在制板时也需要预先加放相应的备缩量。

各种纤维的熨烫温度如表8.3所示。

表8.3　各种纤维的熨烫温度

纤　维	熨烫温度/℃	备　注
棉、麻	160~200	给水可适当提高温度
毛织物	120~160	反面熨烫
丝织物	120~140	反面熨烫,不能喷水
粘胶	120~150	
涤纶、锦纶、腈纶、维纶、丙纶	110~130	维纶面料不能用湿的烫布,也不能喷水熨烫;丙纶必须用湿烫布
氯纶		不能熨烫

另外,对于易脱纱的材料,应对样板缝份作适当加宽,当使用的布料较厚时,也需要在纸样的宽度和长度方向中追加厚度量。

2)成衣系列的推板

成衣系列的推板又称服装放码、服装推档、纸样放缩等,依据是标准工业样板,可以是净样板推放,也可以是毛样板推放,这个标准工业样板也叫作母板。

3)成衣系列样板的整理

成衣系列样板是服装企业各个生产环节的重要依据,必须保证其准确性、完整性和权威性,因此需要进行相关的整理后,才能流入其他环节中使用。

（1）标准样板的标记

①标记方法:打剪口(刀眼)0.3 ~ 0.5 cm 和打孔。

②标记范围:折边、省道、褶裥、袋位、开衩、对刀、绱位等。

（2）标准样板的完整性

样板必须制订得完整,裁剪样板和工艺样板均应齐全,以保证生产的有序性。裁剪样板包括面料样板、里料样板、衬料样板和其他辅料样板,如口袋布、滚条等,工艺样板包括定形板、修剪板和定位板,通常应有备份,做到及时更换,避免边缘磨损带来的尺寸偏差。

（3）标准样板的文字标注

标准样板的文字标注如图8.1 所示。

①产品编号及名称。

②产品规格号型。

③丝缕的经向标志,不对称样板的正反面和倒顺方向。

④注明样板的片数。

⑤标明面、里、衬等类别。

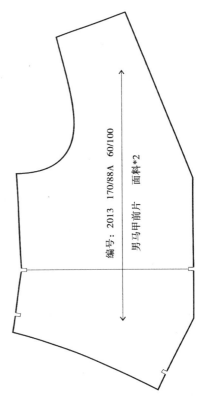

编号: 2013 170/88A 60/100 面料*2

男马甲前片

图8.1 标准样板的文字标注

任务3 掌握成衣系列样板的审核与管理

1)成衣系列样板的审核

投产使用的样板必须保证准确无误,对样板的审核应注意以下几方面:

①根据设计规定的规格尺寸检查样板,核对工艺质量是否合理、准确,包括是否加放了原料收缩量。

②核对样板各衔接部位结构是否相符,是否符合规定要求,例如拼接的部位是否圆顺,组合部位是否一致。

③检查样板各部位眼位、刀口、丝缕等标记是否准确、完整,样板上要注明产品的编号、规格号,还要注明每套纸型的片数。

④对于检查无误的样板,应加盖样板边章,否则不得投产使用。

2)成衣系列样板的管理

样板管理分领用、板房及使用管理。

（1）样板领用管理

样板领用时,有关人员必须凭"生产通知单"或专用的"样板领用归还表"去板房领取盖有边章的样板,并做好有关登记手续。

（2）板房管理

服装企业一般都设有板房,供存放过去曾使用过的服装样板,样板存放在板房时应对其进行分类、登记,对样板名称、品名、规格、板数及存放位置、使用情况进行详细登记。板房要通风,保持良好的环境,样板存放应合理,防止变形,平放时应大片在下,小片在上依次叠放,吊挂时应尽量在放缝、贴边等处打眼、穿绳、吊挂,纸质样板还可卷绕存放。

（3）样板使用保管

样板在使用过程中应有专人负责,样板使用中不得随意乱丢放、乱压碰,以防损坏,任何人不得私自修改样板,复制样板或转借他人,样板使用完毕后,应尽快清理如数归还。

任务4 掌握成衣系列样板推档名词术语

成衣系列样板,一般是指根据标准人体,以中间规格设计出一套样板,经过样衣试制等审定工作后,整理成"基础样板",然后根据规格系列档差,计算出各个部位的平均差值,将"基础样板"缩小或扩大成推出若干套相似形的图形,这些相似形的图形即是服装工业化生产应用的系列样板,这个过程即为样板推档。

1)档差

样板推档中,某一服装款式相邻的两个号型之间,相同部位的规格之差称为档差。如西装相邻的两个号型之间衣长差为 2 cm。

2)基准点

推档中,在"基础样板"中确定一个理想的点,然后以此点为固定点,向四个方向移动、设计档差,来获得其他样板的空间位置,这个点称为"基准点"。基准点类似坐标点。

3)基准线

基准线也称公共线,通过基准点的垂直水平线,基准线常常设置在样板对称轴上,它为推档放码参照。基准线(公共线)类似 x 坐标轴和 y 坐标轴,一般设为水平线、垂直线各一条。

4)控制点

决定、改变样板造型的点,称为"控制点"。控制点常在线段的交叉点上,线段的两端、弧线的两端和中部。

项目2　成衣系列工业样板推板原理

任务1　懂得成衣系列工业样板规格设计

1)号型标准

服装号型标准是服装工业化生产中设计、制板、推板以及销售的重要依据,是建立在科学调查研究的基础上,且具有一定的准确性、普遍性、广泛性。

2)国家号型标准

GB 1335—97 号型标准,是以身高的数值为号,以胸围或腰围的数值为型,同时标明所属体型。号是指人体的身高,以厘米为单位,是服装长度的参考依据,型指人体的净胸围或净腰围,以厘米为单位,是服装围度的参考依据。我国标准体男子总体高 170 cm,胸围 88 cm,腰围 74 cm;标准体女子总体高 160 cm,胸围 84 cm,腰围 67 cm。

3)企业号型标准

企业以国家号型标准为依据,结合企业产品的定位和风格,遵循企业的生产规律,可以合理地制订本企业的号型标准。企业号型标准,也是实现企业错位经营,形成自身产品风格,立足于市场的有效手段。

4)体型分类

依据人体的胸围和腰围的差数,将男女体型分为 4 种类型:Y,A,B,C。

5)号型系列的意义

服装的"号"和"型"是有规则地进行分档排列为号型系列的。在号型系列标准中,规定身高以 5 cm 分档,胸围以 4 cm、3 cm 分档,腰围以 4 cm、3 cm、2 cm 分档组成系列。

上衣分为 5.4 系列和 5.3 系列两种,其中前一个数字"5"表示号(身高)的分档数值;后一个数字"4"或"3"表示型(胸围)的分档数值。下装分为 5.3 系列 5.2 系列两种,常常也采用 5.4 系列,其中前一个数字"5"表示号(身高)的分档数值;后一个数字"4""3"或"2"表示型(腰围)的分档数值。

6)服装号型系列配置方式

在成衣批量生产中,必须根据选定的号型系列编制出产品规格系列表,再制作出相应的系列样板,号型的配置一般有 3 种方式:

①号和型同步配置,如:155/80,160/84,165/88,170/92 等。

②一号多型配置,如:165/80,165/84,165/88,165/92 等。

③多号一型配置,如:155/88,160/88,165/88,170/88等。

现以S和M号的女子规格为依据,进行系列号型档差的核算。

①直开领、横开领、后领深的号型档差计算。

直、横开领的计算公式为N/5加调节数,在系列号型档差的计算中,调节数可省去。M号的直开领减去S号的直开领即可得到直开领的系列号型档差(0.2 cm)。37/5 − 36/5 = 0.2 cm

②腰节的号型档差计算。

腰节长是按身高的1/4来计算的。M号的腰节长减去S号的腰节长即可得到腰节长的系列号型档差(1.25 cm)。160/5 − 155/5 = 1.25 cm

使用同样的方法,可计算出其他部位的系列号型档差。

如表8.4所示。

表8.4 服装规格系列档差参考数据　　　　　单位:cm

性别 部位 代号		Y	A	B	C	档差值	
						5.4系列	5.2系列
身　高	男	170	170	170	170	5	
	女	160	160	160	160		
颈椎点高	男	145	145	145.5	146	4	
	女	136	136	136.5	136.5		
坐姿颈椎点高	男	66.5	66.5	66.5	66.5	2	
	女	62.5	62.5	62.5	62.5		
胸　围	男	88	88	92	96	4	
	女	84	84	88	88		
颈　围	男	36.4	36.8	38.2	39.6	1	
	女	33.4	33.6	34.6	34.8	0.8	
肩　宽	男	44	43.6	44.6	45.2	1.2	
	女	40	39.9	39.8	40.5	1	
臂　长	男	55.5	55.5	55.5	55.5	1.5	
	女	50.5	50.5	50.5	50.5		
腰围高	男	103	102.5	102	102	3	3
	女	98	98	98	98		
腰　围	男	70	74	84	92	4	2
	女	64	68	78	82		
臀　围	男	90	90	95	97	Y,A 3.2 B,C 2.8	Y,A 1.6 B,C 1.4
	女	90	90	96	96	Y,A 3.6 B,C 3.2	Y,A 1.8 B,C 1.6

任务2　掌握成衣系列工业样板推板原则

1)缩放原则

①推板后,样板的造型不能变,是"形"的同一。

②推板是制板的再现,是"量"的变化。

2)相似形变化原理

样板缩放的原理来自于数学中任意图形的相似变换,各衣片的绘制以各部位间的尺寸差数为依据,逐部位分配放缩量,推板不只是线的变化,而是面积的缩减,所以必须在二维坐标中进行。首先应选定各规格纸样的固定坐标中心点,成为统一的放缩基准点,把 x 轴作为横向增减数值,把 y 轴作为纵向增减数值,各衣片根据需要可有多种不同的基准点选择。

①所使用的基础板,必须是毛板(包括缝份、折边和自然回缩量)。

②要认真检查核对基础板的尺寸是否准确,前后衣片的侧缝和肩缝长短是否一致,领子和领口、袖子和袖窿是否兼容,各个接缝处是否圆顺,有无凸凹,要核对无误。

③要选择好坐标基点的位置。坐标基点放在基础板的任何一个位置均可进行缩放,选好最佳位置,完成的缩放图线条,大号在外面,小号在里面,要尽量减少重叠的线条,以便于拓板。拓完的样板要随手写上号型,避免乱号。

④缩放的样板必须完整,不可遗漏,尤其是零部件。

⑤使用的样板纸要尽量选用缩量小的品种。

如图 8.2 中矩形所示。若将此矩形的边长各增加 10 cm,有多种确定坐标中心点的方法,常见的如图 8.3 所示,从中不难发现,以图 8.3①中的坐标中心点为基准点进行缩放,可以使过程最简单。所以,在实际推板中,要尽可能使坐标的两条轴线与服装制图中的主要控制线相重合,以减少计算带来的麻烦。

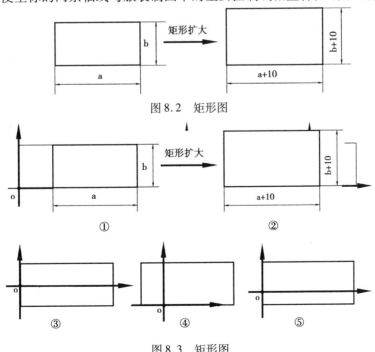

图 8.2　矩形图

① ② ③ ④ ⑤

图 8.3　矩形图

任务3　掌握成衣系列工业样板推档的推算方法

系列样板推档方法很多,常用的有等分连接法、剪切加入法、坐标移动法等。

1)等分连接法

首先设计出某款服装样板的最大号和最小号,然后选择理想的基准点,以基准点为准重叠大小号,再连接大小号对应的点,等分连接好的线段,最后连接等分点即可。这种方法适合推档较多的款式。

2)剪切加入法

把设计好的基础纸样在控制部位剪开,按档差移动,连接完成。这种方法适合 CAD 和推档较少的款式。

3)坐标移动法

这种方法较适合款式复杂的样板推档,常应用于手工推档和 CAD 推档。

样板缩放中线段(曲线)总长度的扩展是根据档差直接确定的,或者可以根据两点间的相对距离直接确定,但是位于线段(曲线)中间的点,因为没有明确的数据,是作图的辅助点,其缩放的量就要通过计算来确定,一般是按照该点所占的比例来分配其移动的量,如袖窿弧线、袖山弧线上的点,分割线的位置,省位、袋位等,就可以用此法来确定。

如图 8.4 所示,图中 C 点位于袖窿弧线 AB 之间,若 A 点在纵向向下移动 0.2 cm,B 点在纵向向下移动 0.8 cm,则 AB 间纵向移动的相对距离为 0.6 cm,那么 C 点在纵向方向向下移动的量就应该按照比例进行计算:由于 C 点位于袖窿弧线 AB 的 2/3 处,则 C 点在纵向向下移动 2/3 ×0.6 +0.2 cm,如表 8.5 所示。

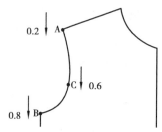

图 8.4　样板缩放的模式

表 8.5　前衣片样板缩放的推算方法

单位:cm

部　位	外肩端点	袖窿腋下点	袖窿弧线	袖窿弧线中点
相对点位置	A	B	AB	C
相距点位置	0.2	0.8	/	0.6

说明:因为 C 点是前片胸围最宽点,且又是在 AB 袖窿弧线的 2/3 处,作为推算缩放是最合理的方法。

项目3　成衣系列工业板型推板范例与实训

任务1　能够对成衣系列工业样板缩放规律进行分析

1)有关档差的分析

①档差设定应有一定的灵活性,根据款式风格而定。

②各部位的档差确定相互之间应该协调,横向和纵向的比例更应该协调。

③横向或纵向放缩幅度可以不同步,要根据具体的人体规格来确定,可以单个推板。

2)有关基准点的设置

①寻找公共关系线建立坐标,定基准点。

②坐标的选择有灵活性,视作图方便而定,是"型"的推理。

③坐标设定可以是近似的,横竖可以是直线,曲率较小的弧线,也可以是空间较小的不动面。

④可以根据需要,在变化款式的分割图形样板中选取不同的坐标基准点放缩推板。(注意:相对两点的档差值不变。)

3)有关省道的推放分析

①对于省量较小的,长度较短的省道,可以不与衣身同步放缩推移,视为不变,如肩省、肘省。

②对于省量较大的省,也可以视为不变,但是省道的位置应该与衣身同步放缩推移,如胸省、腰省。

③对于省量特别大的切展省道或褶裥,应该根据具体款式风格放缩推移。

④可以在原始结构样板上放缩,再分别对各型号的样板切展,制成最终的样板。

任务2　成衣系列工业样板的推板范例与实训

1)成衣系列工业样板的推板范例

①男西服规格系列设置参考,如表8.6所示。

表8.6　男西服规格系列设置表　　　　　　　　　　　单位:cm

成品规格　　　　号型 部位	160/80	165/84	170/88	175/92	180/96	档差值
衣　长	70	72	74	76	78	2

续表

号型 成品规格 部位	160/80	165/84	170/88	175/92	180/96	档差值
胸 围	98	102	106	110	114	4
肩 宽	42.2	43.4	44.6.	45.8	47	1.2
领 围	37	38	39	40	41	1
袖 长	57	58.5	60	61.5	63	1.5
腰 节	40	41.25	42.5	43.75	45	1.25
袖 口	13	13.5	14	14.5	15	0.5

②推板说明。

a. 男西服前片推板计算方法及依据如表 8.7 所示,前侧面推板计算方法及依据如表 8.8 所示,后片推板计算方法及依据如表 8.9 所示,袖片推板计算方法及依据如表 8.10 所示。

b. 前片公共线设置:纵向公共线为胸宽线,横向公共线为胸围线。

c. 侧片基准点设置:侧片基准点设置为 D_2 点。

d. 后片公共线设置:纵向公共线为后中线,横向公共线为胸围线。

e. 袖片公共线设置:纵向公共线为前袖缝,横向公共线为袖肥线。

表 8.7　男西服前片推板计算方法及依据　　　　　单位:cm

部位代号	放码方向	推板数值	计算方法及依据	备　注
A	横向向左 纵向向上	0.4 0.7	胸宽档差 $-\dfrac{1}{5}$ 领围档差 $\dfrac{1.5}{10}$ 胸围档差 $+0.1$	
B	横向向左 纵向向上	0.6 0.5	胸宽档差 袖窿深档差 $-\dfrac{1}{5}$ 领围档差	
C	横向 纵向向上	0 0.5	冲肩量不变 袖窿深档差 $-$ 落肩档差	落肩档差 $=0.2$
D	横向向左 纵向	0.60 0	胸宽档差	
D_2	横向向右 纵向	0.2 0	$\left(\dfrac{胸围档差}{4}-胸宽档差\right)/2$	
F_2	横向向右 纵向向下	0.2 0.55	横向同 D_2 点 腰节档差 $-$ 袖窿深档差	
G	横向向右 纵向向下	0.2 1.3	横向同 D_2 点 衣长档差 $-$ 袖窿深档差	
H	横向向左 纵向向下	0.6 1.3	横向同 D 点 纵向同 G 点	
I	横向向左 纵向向下	0.6 0～0.55	横向同 D 点	驳点可按设计造型确定

续表

部位代号	放码方向	推板数值	计算方法及依据	备　注
J	横向向左 纵向	0.1 0	横向按照比例确定	手巾袋档差 = 0.2
J_1	横向向左 纵向	0.3 0	0.1 + 手巾袋档差	
K	横向向右 纵向向下	0.2 0.65	$\frac{1}{2}$ 大袋口档差 腰节档差 – 袖窿深档差 + 0.1	大袋口与腰节档差 = 0.2 大袋口档差 = 0.4
K_1	横向向左 纵向向下	0.2 0.65	纵向同 K 点	
L	横向向左 纵向	0.2 0	横向同 K_1 点	胸省可按大袋位置确定
L_1	横向向左 纵向向下	0.2 0.65	同 K_1 点	
G_1	横向向右 纵向向下	0.2 1.3	横向同 D_2 点 纵向同 H 点	

表8.8　男西服前侧面计算方法及依据　　　　　　单位:cm

部位代号	放码方向	推板数值	计算方法及依据	备　注
D_2	基准点	0		简化 推板方法
D_1	横向向右 纵向	0.6 0	$\frac{胸围档差}{2}$ – 背宽档差 – 胸宽档差 – 0.2	
E	横向向右 纵向向上	0.6 0.2	横向同 D_1 点 纵向按比例确定	
F	横向向右 纵向向下	0.6 0.55	横向同 D_1 点 腰节档差 – 袖窿深档差	
F_3	横向 纵向向下	0 0.55	腰节档差 – 袖窿深档差	
G	横向向右 纵向向下	0.6 1.3	横向同 D_1 点 衣长档差 – 袖窿深档差	
G_2	横向 纵向向下	0 1.3	衣长档差 – 袖窿深档差	

表 8.9 　男西服后片推板计算方法及依据　　　　　　　　　　单位:cm

部位代号	放码方向	推板数值	计算方法及依据	备　注
A	横向向左 纵向向上	0.2 0.7	$\frac{1}{5}$ 领围档差 $\frac{1.5}{10}$ 胸围档差 + 0.1	
B	横向向左 纵向向上	0 0.65	袖窿深档差 - 0.05	后领深档差 = 0.05
C	横向向左 纵向向上	0.6 0.5	$\frac{1}{2}$ 肩宽档差 袖窿深档差 - 落肩档差	落肩档差 = 0.2
D	横向向左 纵向	0.6 0	$\frac{1.5}{10}$ 胸围档差	= 背宽档差
D$_1$		0		基准点
E	横向向左 纵向向上	0.6 0.2	横向同 D 点 纵向按比例确定	
F	横向向左 纵向向下	0.6 0.55	横向同 D 点 腰节档差 - 袖窿深档差	
F$_1$	横向 纵向向下	0 0.55	纵向同 F 点	
G	横向向左 纵向向下	0.6 1.3	横向同 D 点 衣长档差 - 袖窿深档差	
G$_1$	横向 纵向向下	0 1.3	纵向同 G 点	

表 8.10 　男西服袖片推板计算方法及依据　　　　　　　　　　单位:cm

部位代号	放码方向	推板数值	计算方法及依据	备　注
A	横向向右 纵向向上	0.4 0.4	$\frac{1}{2}$ 袖肥档差 袖山档差 = $\frac{1}{10}$ 胸围档差	袖肥档差 = $\frac{1}{5}$ 胸围档差
B	横向向右 纵向向上	0.8 0.25	袖肥档差 $\frac{3}{5}$ 袖山深	
C	横向向右 纵向	0.8 0	横向 = 袖肥档差	
C$_1$		0		基准点

部位代号	放码方向	推板数值	计算方法及依据	备 注
D	横向向右 纵向向下	0.6~0.7 0.35	按 C 点和 E 点的比例放码 $\frac{1}{2}$ 袖长档差 - 袖山档差	后袖缝线圆顺
D₁	横向 纵向向下	0 0.35	纵向同 D 点	
E	横向向右 纵向向下	0.5 1.1	袖口档差 袖长档差 - 袖山档差	袖口弧线圆顺
E₁	横向 纵向向下	0 1.1	纵向同 E 点	
F	横向向右 纵向向下	0.5 1.1	同 E 点	袖衩量不变
F₁	横向向右 纵向向下	0.5 1.1	同 F 点	

注:小袖各点与大袖放码方法相同;挂面放码方法同前片;领子放码基准点选择在前后片肩缝对位点。

③推板效果图:图8.5 表示男西服前片、侧片推板,图8.6 表示男西服后片、衣领、挂面、推板,图8.7 表示男西服前后袖片推板。

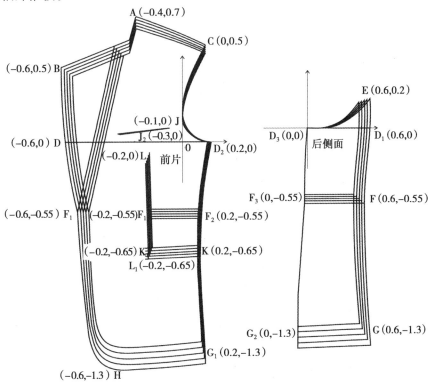

图 8.5 男西服前片、侧片推板

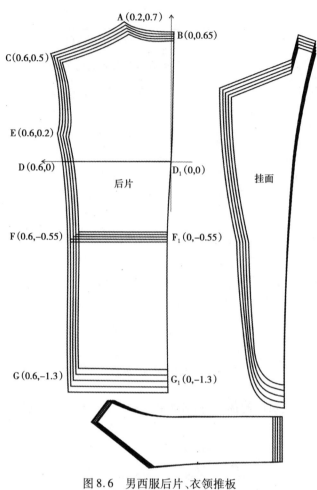

图 8.6　男西服后片、衣领推板

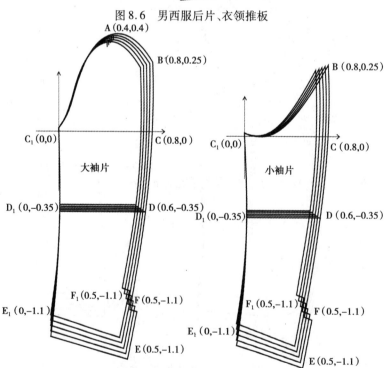

图 8.7　男西服前后袖片推板

2) 成衣系列工业样板的推板实训

男式西裤样板的推板

①规格系列设置参考如表8.11所示。

表8.11　男式西裤规格系列设置表　　　　　　　　　　　　　　单位:cm

部位＼成品规格＼号型	160/70	165/74	170/78	175/82	180/86	档差值
裤　长	100	103	106	109	112	3
腰　围	72	76	80	84	88	4
臀　围	101.6	104.8	108	111.2	114.4	3.2
立　挡	28	28.5	29	29.5	30	0.5
脚　口	23	23.5	24	24.5	25	0.5

②推板说明:

a. 男西裤前片推板计算方法及依据如表8.12所示;后片推板计算方法及依据如表8.13所示。

注:本书以放码为例进行说明,缩码方向与放码方向完全相反,所有实例均按照净样板放码。

b. 纵向公共线:烫迹线;横向公共线:横挡线。

表8.12　前片推板计算方法及依据　　　　　　　　　　　　　　单位:cm

部位代号	放码方向	推板数值	计算方法及依据	备　注
A	横向向右 纵向向上	0.6 0.5	$\dfrac{腰围档差}{4}/2+0.1$ 等于上挡档差	偏侧缝放码
A_1	横向向左 纵向向上	0.4 0.5	$\dfrac{腰围档差}{4}/2-0.1$ 等于上挡档差	省道位置 按比例推放
B	横向向右 纵向向上	0.5 0.17	$\dfrac{臀围档差}{4}/2+0.1$ $\dfrac{上挡档差}{3}$	偏侧缝放码
B_1	横向向左 纵向向上	0.3 0.17	$\dfrac{臀围档差}{4}/2-0.1$ $\dfrac{上挡档差}{3}$	
C	横向向右 纵向	0.45 0		以画顺为准
C_1	横向向左 纵向	0.45 0	$\left(\dfrac{横挡档差}{2}-0.1\right)/2$	横挡档差＝2
D	横向向右 纵向向下	0.25 2.5	脚口档差/2 裤长档差－上挡档差	

续表

部位代号	放码方向	推板数值	计算方法及依据	备　注
D_1	横向向左 纵向向下	0.25 2.5	脚口档差/2 裤长档差 − 上裆档差	
E	横向向右 纵向向下	0.35 1.16	横向参考 C 点和 D 点放码 $\dfrac{0.17+2.5}{2}-0.17$	纵向参考 B 点和 D 点 放码
E_1	横向向左 纵向向下	0.35 1.16	横向参考 C 点和 D 点放码 纵向参考 E 点放码	

表8.13　后片推板计算方法及依据　　　　　　　　　　　　单位:cm

部位代号	放码方向	推板数值	计算方法及依据	备　注
A	横向向右 纵向向上	0.85 0.5	$\dfrac{腰围档差}{4}/2+0.35$ 等于上裆档差	偏侧缝放码
A_1	横向向左 纵向向上	0.15 0.5	$\dfrac{腰围档差}{4}/2-0.35$ 等于上裆档差	省道位置 按比例推放
B	横向向右 纵向向上	0.6 0.17	$\dfrac{臀围档差}{4}/2+0.2$ $\dfrac{上裆档差}{3}$	偏侧缝放码
B_1	横向向左 纵向向上	0.2 0.17	$\dfrac{臀围档差}{4}/2-0.2$ $\dfrac{上裆档差}{3}$	
C	横向向右 纵向	0.55 0		以画顺为准
C_1	横向向左 纵向	0.55 0	$\left(\dfrac{横裆档差}{2}+0.1\right)/2$	横裆档差 =2
D	横向向右 纵向向下	0.25 2.5	$\dfrac{1}{2}$脚口档差 裤长档差 − 上裆档差	
D_1	横向向左 纵向向下	0.25 2.5	$\dfrac{1}{2}$脚口档差 裤长档差 − 上裆档差	
E	横向向右 纵向向下	0.4 1.33	横向参考 C 点和 D 点放码 $\dfrac{0.17+2.5}{2}-0.17$	纵向参考 B 点和 D 点 放码
E_1	横向向左 纵向向下	0.4 1.33	横向参考 C 点和 D 点放码 纵向参考 E 点放码	

③推板效果图：

图8.8表示裤片前门、里襟推板,图8.9表示前后裤片推板。

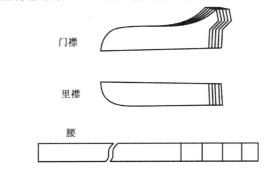

图8.8 裤片前门、里襟推板

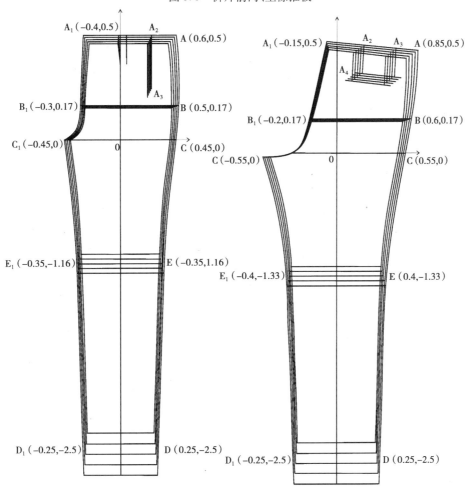

图8.9 前后裤片推板

思考与实训题

1.简述推板方法主要有几种类型。

2.男西裤板型制图1:1比例,并缩放一系列5个号型。

3.男西装板型制图1:1比例,并缩放一系列5个号型。

模块9
服装设计教学教改实践成果案例分析

BUSINESS

■■■■■■

知识目标

通过对服装设计实践教学案例的分析,将课堂上的知识传授与企业的设计生产实践相结合;使学生更进一步地掌握服装企业所涉及的不同结构设计的整个流程及方法。

技能目标

通过对企业实际产品案例的分析,利用学校和企业两种不同的教育资源和教育环境;培养学生发现问题、分析和解决问题的能力、创新精神和团队合作能力;让学生在认识自我和环境的基础上,确立职业发展目标,提高实践设计能力。

项目1　女装设计与橱窗陈列展示

　　《女装设计与橱窗陈列展示》是 2011 年由福州市立项的校企合作产学研合作的课题,课题由福建福田服装集团有限公司和福建商业高等专科学校商业美术系共同主持,项目研究成果已经在福田服装集团有限公司实施,取得了可观的经济效益:2010 年女装生产产量 60 万件(套),销售收入 5 340 万元,税金 93 万元,利润 168 万元;2011 年女装生产产量 120 万件(套),销售收入 10 680 万元,税金 182 万元,利润 326 万元。

　　福建福田服装集团创建于 1999 年,是一家集服装设计、开发、生产和销售于一体的大型服装企业,占地面积 128 000 平方米,厂房面积 158 000 平方米,员工人数达 8 000 多人。秉承以高标准、高要求的服务理念,以"实现客户、员工、伙伴、社会与企业利益共享,实现集团事业的永续经营"的企业宗旨,致力于追求卓越绩效,尽心奉献,为社会提供优质的产品和不断增值的财富。经过十多年的发展,集团已拥有 3 家全资子公司,数家控股工厂。立足中国,放眼全球,福田服装集团现与 NIKE、LEVI'S、DISNEY 等国际知名品牌,以及 METRO、TKI 等国际知名公司建立稳定的合作关系,市场网络遍布全球,集团业务也持续稳定增长,盈利能力位居前列。如图 9.1 为 PAGE ONE 品牌的专卖店。

图 9.1　福建福田服装集团公司的 PAGE ONE 品牌专卖店

任务1 市场资讯调查与设计策划

21世纪是信息化的现代社会,服装设计与开发是以市场为导向的创造性活动,它要求创造消费市场,满足大众需求,同时又能批量生产,便于制造,更重要的是为企业创造效益,这是从事服装产品开发与设计必须真正把握和解决好的系列化问题,无论是自由职业服装设计师,还是驻厂服装设计师,首要的前提就是要全面掌握资料,开展市场调查,只有从最广泛的各个层面上收集资讯进行调查,才能更好地为产品的开发设计铺垫基础。

开发设计的首要前提就是资讯的收集与整理,而且要从实战的角度进行有效市场调研,要善于从浩瀚的信息资料中寻找有价值的信息,并在此基础上进行纵向与横向的对比,与市场与信息进行准确的分析与定位,才能保证产品设计的成功。在资讯发达的今天,可以通过多种途径来完成,例如国际互联网,互联网已经成为一个虚拟的动态的全球最大的信息库,我们可以通过上网浏览收集专业资料,并把其中有参考价值的图、文资讯下载、归类分析与整理,为设计做准备。除了互联网,中外专业期刊、设计年鉴、专业著作、服饰图集、科技情报也是专业资讯所要搜寻的重要信息,要善于分门别类、整理收集,获取最新的专业资讯。同时服装市场也是进行市场资讯调查与设计策划的重要课堂,这是一个学习、研究、调查服装信息的真实具体的设计市场环境,在市场中可以从不同角度和层面上获取不同的专业信息和专业资料。

在初步完成了服装产品开发市场资讯的搜寻工作后,要把所收集的资料进行定性定量分析,系统整理,作出专题分析报告,并作出科学结论或预测,作为新产品开发设计的决策和设计立项依据。而设计策划就是对服装产品设计进行定位,确立设计目标。

本项目研究主要对"闽派"女装进行了深入的分析,指导企业进行创新型的设计以及准确设计定位,进而摆脱产品同质化竞争的局面。所谓"闽派"服装,就是指包括泉州、石狮、晋江、南安及闽南其他地区相关服装品牌在内的泉州服装板块形成的一个服装文化流派,以石狮、晋江为主要产地,以生产休闲服装,尤其是男式休闲服装为主要产业特征,风格特征体现为阳刚粗犷,品牌共性则是爱拼敢赢的闽南精神。目前的代表性品牌有浪漫宣言、逗号、末未、菲诗雨、卡亚卡、卓影、名师路、七匹狼、爱登堡、卡宾、柒牌、利郎、劲霸、九牧王、金犀宝、爱都等。如劲霸品牌生产夹克衫的版型分析;七匹狼西装、休闲西装的版型分析;爱都西裤从款式设计、平面制图与裤型制板技术相结合的分析。

任务2 设计创意与设计定位

设计创意就是运用创造性思维进行构思,逐步展开、逐步加深、不断重复、反复推敲、苦思冥想、奇思妙想、古今中外、海阔天空,不断捕捉灵感的火花、不断寻找设计的突破口,从新视点起步,从新材料、新工艺切入,努力从这些闪光点中逐渐形成新产品设计的构成框架,从初步的框架上开拓出新产品的基本形态。设计定位则是指在设计前期资讯收集、整理、分析的基础上,综合一个具体产品的使用功能、材料、工艺、结构、尺度和造型、风格而形成的设计目标或设计方向。在服装产品的开发设计中确定设计定位,定位准确,会取得事半功倍的效果,若有差错,则会导致整个开发设计走入歧途而失败。因此,当面对一项产品开发设计任务,应首先进行广泛的资讯搜寻,以全新的视点进行创意构思并逐步使之具体化,在此基础上确立设计目标和设计方向。追求设计目标的最佳点,应集多种条件和基本元素为基点,在这个基础上进行定性定量的分析,根据这些目标反推构思确立设计定位,这种过程是追求设计目标最佳定位的开发战略。

2003年,福田服装集团有限公司以"点亮环保生活,打造美丽人生"为发展宗旨,推出欧式城市时尚休闲品牌——PAGE ONE(图9.2),以时尚、休闲、个性为设计风格,其设计有明确的定位。年龄定位于25~35岁的都市精锐,他们年轻、自信、独立、充满个性魅力,并且拥有自己独到的想法和品位,懂得享受生活、追求时尚的生活方式。而Elegant系列的年龄定位则为18~25岁的都市少女,此群体时尚靓丽,因而采用率性的设计风格,搭配鲜艳活泼的配饰,展现了现代都市少女对生活和工作的热情,彰显少女的青春与朝气。因此从面料的选择上注重面料质感,造型款式上讲求适用于不同的场合,无论是紧张有序的办公室,还是轻松愉悦的购物休闲,或是优雅时尚的派对,PAGE ONE都可以是很好的选择。

图9.2　福建福田服装集团公司的欧式城市时尚休闲品牌——PAGE ONE

任务3　设计的深化与延展

服装产品开发设计是一个系统化的进程,这个进程从最初的概念草图设计开始,逐步地深入到产品的造型结构、面料、色彩等相关因素的整合发展与完善,并不断地用视觉化的图形语言表达出来,这就是设计的深化过程,同时,对于服装品牌的展示与推广,也是我们要考虑的因素。目前,服装陈列展示设计渐渐开始了正规化的层面。在国际品牌视觉营销中有效而成功的品牌商品陈列设计是消费者面对的最直接的广告冲击和形象效应,有着不容忽视的现实意义和价值内涵。随着服装服饰行业发展成熟,服饰企业对品牌的宣传推广手段也不再局限于作一些媒体和户外广告,而是更务实地把眼光投向了最直观体现品牌形象的店铺,于是店铺的商品陈列就显得愈发重要起来。

橱窗表现一个企业品牌文化的同时,又保持对时尚流行趋势的前瞻性,引领时尚潮流。企业从品牌特性出发,策划来年每一季、每个重要节日的陈列主题。陈列设计师需要有扎实的专业系统,从整体陈列设计、橱窗设计、陈列道具的选择、采买订单确认、陈列实施等到每一个细节:模特服装主色调的确定,搭配是否符合当季主题,道具的应用以及位置设计,道具的颜色与品牌确定颜色呼应,灯光准确呈现橱窗、卖场氛围,店内陈列培训,卖场维护,配合店面人员服务,使橱窗从整体搭配到细节刻画直至服务都力求完美呈现品牌对品质的追求。通过橱窗陈列展示,设计师体验服装设计,就是通过突出品牌风格、主题,创造出品牌体验的服装设计,体验在这里是服装设计师同顾客进行全面交流的纽带,如图9.3所示。在体验服装设计中,不但注重顾客的理性需求,而且更强调顾客作为一个"人"的感性要求。企业产品橱窗陈列的展示对消费的促进作用有着重要的指导意义。

图9.3　服装展示橱窗

任务4　项目研究主要内容

　　本项目开发对校企合作产学研实践有着重要的指导意义,从设计美学观念出发,注重理论与实践相结合,主要解决以下几个方面的问题:第一是人与服装的关系;第二是女装设计功能与形式的关系;第三是与时俱进的创新型的设计以及设计定位准确对企业发展的促进作用,进而摆脱产品同质化竞争的局面;第四是企业产品橱窗陈列对消费的促进作用。其最重要的创新点和解决的关键技术问题就是超越以产品的实用功能和一般服务为重心的传统经济,代之以设计具有环保的设计概念、实用与审美、产品与体验相结合,提升本公司品牌价值和美誉度,达到消费者更加重视品牌的实用、审美与体验相结合的价值。

任务 5   项目研究所取得成就

1）人与服装的关系方面

服饰的出现,体现了人们生活质量的不断提升,也体现了人们素质的提高。人在服装中识别自己,服装其实是一种生活方式。当今社会上,普通人的眼光与角度,则是从人们最具有表现力的着装入眼。一个有一定修养和素质的人,其着装理念与一个普通人的着装理念,就有着相当明显的差距。当今社会不断发展进步,人们的生活质量提高了,也就开始注重自身的修养与素质的提高。根据人的本能观念,往往都会先从着装上来个最具表现自己的改变,这也就有了服饰的出现。同一种服饰穿着在不同人的身上,就有着不同的效果,可以完完全全地表现出人与人之间那种神秘的内在美的不同;而不同的服饰穿着在同一个人身上,则更具体现出他的那种特有的韵味。服装是识别自己的一种渠道,人并不是在市场里面挑服装,而是在服装中完成自我确认。随着人们素质与修养的提高,人们对服饰的要求也就有了一定的提高,既要华丽高贵,也要时尚舒适,这也就决定了服饰将来的发展道路与方向,也就是将服饰与人融为一体,将人们那种特有的神秘的内在美,完完全全地表现出来。

2）女装设计功能与形式的关系方面

本项目围绕人体外部形态与服装关系,人体曲面与服装结构的关系。服装适合人体曲面的各种结构处理形式、结构的整体性以及相关结构线的吻合、功能性和结构设计的关系内容,服装省道转移、连省成缝、舒适量的确定等基本内容。重点研究服装结构设计内涵和各部位的关系,对各个部位分解、展开图进行处理。关键技术是解决女装平面衣片与二维人体之间的关系,树立对女装款式的外部形态与内部结构的整体观念,达到与时俱进的创新型的设计以及设计定位准确对企业发展的促进作用,进而摆脱产品同质化竞争的局面,在重新组合立体思维中求新造型的设计。

项目研究对"闽派"女装进行了深入的分析,指导企业进行创新型的设计以及准确设计定位,进而摆脱产品同质化竞争的局面。

3）企业产品橱窗陈列的展示对消费的促进作用方面

展示是一种古老的行为,是自然赋予人类的一种生存本能。没有人一定需要时装,人们之所以购买是因为需要一种情感体验,因此用陈列设计来激发人们的感情就显得尤其重要。服装陈列设计有助于提升品牌的形象,创造视觉生活享受,提高销售。橱窗的本质是销售,但橱窗设计却体现了服装商家的独出心裁与设计师的无穷的艺术灵感。在一个平面与立体相结合的橱窗之中,融入了创意、造型、色彩、材料、灯光等多种因素。橱窗是展示一个企业品牌形象的窗口,也是传递新货上市以及推广主题的重要渠道。好的橱窗展示不仅对提高店铺销售业绩有立竿见影的作用,对品牌整体形象的提升也有一个很直观的烘托,通过一定的方式手段,使得服装橱窗展示更加充分地体现服装本身的个性特征,从而达到增加品牌销售额、推广品牌文化、传递时尚信息等目的。

福田服装集团有限公司(PAGE ONE)品牌以"点亮环保生活,打造美丽人生"为发展宗旨,拥有自己的品牌专卖店。在进行 PAGE ONE 服装橱窗展示设计时必须能够突出该品牌的形象与文化,让消费者一目了然(如图 9.4)。因此,设计时要竭力突出服装品牌的个性特征,在形式与整体形象上要清晰、明确、独特,让人过目不忘,流连忘返,并逐步产生对品牌的认同感。同时要准确地把握展示的服装商品与消费者心理需求的契合点。服饰橱窗展示艺术发展趋势是多元化的,在其中既可以有两维的巨型平面海报,也可以用光电传输形式的艺术,将展示的服装商品在有限的橱窗空间中由静止发展到动感。从而来吸引、集结更多的消费者注意力。因此,在进行服装橱窗的布置之前,还要充分地考虑服装的个性、特点、功能、外观、色彩等诸多方面因素,从而选择最恰当的表现方式,最大限度地呈现出服装的最佳品质与时尚文化内涵。服装橱窗展示不只是基于商业目的,还是对于艺术推广、季节感知、文化气息、认同感、安全感等抽象意义的传递。服装橱窗设计不仅仅是对商品魅力的阐述,同时也是以间接的形式表达更宽广、更深厚的人文关怀和艺术风格(图9.5至图9.7)。

图9.4 服装展示橱窗

图9.5 福建福田服装集团公司的 PAGE ONE 品牌男装展示橱窗1

图9.6 福建福田服装集团公司的 PAGE ONE 品牌男装展示橱窗2

图9.7 福建福田服装集团公司的 PAGE ONE 品牌女装展示橱窗

4)项目研究完成预定各项任务,取得了阶段性成果,取得了可观的经济效益

2010 年女装生产产量60 万件(套),销售收入5 340 万元,税金93 万元,利润168 万元;2011 年女装生产产量120 万件(套),销售收入10 680 万元,税金182 万元,利润326 万元。在目前研究的基础上可拓展"男装设计与橱窗陈列展示、儿童装设计与橱窗陈列展示、老人装设计与橱窗陈列展示"的研究项目。

项目2　纤维艺术与校服设计装饰的研究

《纤维艺术与校服设计装饰的研究》是 2012 年由福州市立项的校企合作产学研合作的课题,课题由福建海峡学生装有限公司和福建商业高等专科学校商业美术系共同主持,项目研究成果已经开始在福建海峡学生装有限公司实施。

福建海峡学生装有限公司成立于 2003 年,公司注册资金 210 万美元,是一家集设计、生产、销售为一体的学生装企业,公司通过 ISO 9001:2000 质量管理体系认证和 ISO 14001:2004 环境管理体系认证,是参与编写福建省地方标准《DB35/T 836—2008——学生装》的唯一一家企业。公司自有品牌"bopos"最早于 2004 年 12 月 18 日注册,接着又在意大利、中国香港等国家或地区注册,设有多家专卖店和直营店。该品牌是公司自主研发,引进欧美最新技术和意大利流行风格,以简洁大气的款式、考究的面料与做工风行于国内。"bopos" 2005 年被市政府评为"福州市十大品牌学生装",2009 年被福州市工商局评为"福州市知名商标"称号,具有良好的经济效益和社会效益。企业重视与高校的合作,建立高校的教学实训基地,培养人才,开设"海峡"班,解决人才后续问题;与专业院校及科研机构合作,开发新材料、新工艺和新产品,全面提升产品科技含量和综合竞争力。

任务 1　市场资讯调查与设计策划

纤维艺术是与人类生活息息相关的,它使用天然纤维、人工纤维、化学纤维、有机合成纤维,通过编、结、缠、绕、贴、扎、缝、染等综合技法,构成软体或综合材料构成体,它具有坚硬或柔软,沉静或路动,影射或吸光,平直或曲隆,艳丽或暗淡,坚立和凹凸等不同的质感、肌理感、色彩感、状态感。纤维艺术在与现代人类生存环境亲和中,内涵丰富,风格独特,能烘托人与环境的和谐氛围,能显示出视觉美和触觉美的艺术魅力,还能唤起人们对大自然的深厚情感,在一定程度上消除了现代生活中大量使用硬质材料制品所带来的冷漠感,重新让"人情味"回归人间。我们试图从设计美学观念出发,研究与解决校服设计的装饰功能和纤维艺术设计与制作及其应用的形式关系(图9.8 和图9.9)。

近几年来,福建省学生装发展尤为突出。2003 年前,福建省的学生装企业只有几家。经过几年的发展,福建省的学生装企业发展迅速,到目前为止,福建学生装生产企业有 10 多家,从业人员 2 万多人,年产学生装 2 000 万件以上,产值 20 亿元。尤其是福州已成为福建最大的学生装生产基地,福州市学

图9.8　服装设计——藏书票

235

生装步入良性发展循环圈。福州的学生装品牌经历了从无到有、从弱到强的过程,但是在福州市学生装行业迅猛发展的同时,也存在着一些不足,严重制约了福州市学生装行业向产业化、集群化发展。目前福州学生装企业多数仍为小型民营企业,基本靠自身的资本积累扩大再生产,缺少产业化、集群化发展的基础。目前,福州市有很大部分学生装生产企业以加工型为主,有一些企业甚至是转接加工的类型。而加工型企业从某种意义上来讲,只是外国学生装经销商的"加工车间"。长期"为他人做嫁衣"的结果,使得福州的学生装企业渐渐丧失了为自己创立品牌的意识。因此福州市学生装企业的发展之路是创出自己的名牌,需要在加大文化内涵方面下工夫,否则"企业永远只是做衣服、卖衣服的"。企业的当务之急是要加快产业结构高速和产业升级,创出自己的名牌,主要以满足市场为导向,努力开拓市场。图9.10为中学生的学生装。

图9.9　服装设计——藏书票

图9.10　中学生校服

任务2　设计创意与设计定位

　　服装是一种社会文化形态,是物质文明和精神文明相结合的产物,成为美的艺术文化,反映出人的气质文化、修养和品位。校园有它独特的文化,而任何一种文化都需要一个窗口,要利用好这个窗口,积极对外宣传。好的校服设计,往往能给人们一种视觉上和心理上的美的享受,便于学校形象的传递,促进与外界的交流。校服设计所针对的团体是学生,所以设计要考虑与其相关的因素和特定环境的穿着要求。如今,越来越多的学校意识到校服对于学校的重要意义,并将其与整个学校的文化建设放在了一起。在校服设计中,必须综合考虑各种因素,要与人文、环境、时代要求相适应,寻求个性与群体最佳结合点,树立品牌意识,使得校服设计更加美观、休闲,使校服成为学生、家长和老师都乐于接受的校园文化形象。校服是以学校集体生活为主题,应具有简洁、统一的风格,其款式应美观,没有过分华丽和烦琐的装饰。在颜色的选择上,要给人以清新大方的印象,避免绚丽的色彩分散同学的学习注意力。学生处于生长期,且活动量大,更换率较大,因此,校服的面料要运用耐脏、耐磨、耐洗、透气、质地舒适,富有弹性的面料。

　　校服款式要实用和美观相结合,可以以传统的学生服为款式依据,也可在清理校服结构特点及收集信息结合的基础上进行改进,突破原有程式,以新的服装比例和配套的设计方式进行再创造,设计出具有现代学生个性,体现现代校园的个性与统一完美结合的新景观。学生装设计目前的主要特点为时装化、休闲化、简洁化,体现学生的活泼、青春与活力。随着经济全球化时代的到来,我们还可以向国际流行的宽松、自然方向发展,以一种崇尚自然的心态来演绎时尚,以一种平和怡然的色彩去闪耀生命。如图9.11是福州市中小学生校服展示。

图9.11　福州市中小学生校服运动系列

目前,针织学生装产业符合福州产业调整和转型升级的产业导向,针织学生装发展的竞争是文化和品牌的竞争,创新的设计是企业生存与发展壮大的基础,因为这是一个消费主义和体验主义盛行的时代。顾客购买的虽然是学生装,但真正追求的却是学生装所体现的内在思想、情感语言和个性形象。学生装零售商亦应顺应潮流,为消费者传递全新的生活概念,创造难忘的购物体验。因此本书在"纤维艺术与校服设计装饰"方面展开研究和探讨,利用纤维面料、辅料和饰品,对校服进行装饰,使校服更符合中小学生的心理情趣,使学生爱穿,使学生高兴、开心,从而增加销售量,提高公司的产量。

任务3　设计的深化与延展

服装不仅要显示它的独特个性,更要将个性升华为一种为社会所认可的服饰文化概念。21世纪是文化的世纪,人们对文化具有更为迫切的需求,要求服装设计师在创新中孕育不同的文化意味。对于服装的文化内涵更要继承民族传统,寻觅中华民族传统文化之魂,在现代服装设计中体现出中国传统文化的特质,从整体的角度去了解中国传统文化所包容的各层次各范畴的组成部分,领悟其精髓所在,进而设计出具有真正民族文化内涵的作品,让校服能够充分体现出民族文化的内涵。同时,由于学校是一个整体,好的校服设计还能够充分体现学校主体的整齐统一,在促进学校的集体观念的发展,增强学生的自我约束力和集体荣誉感等方面起着重要的作用。因此校服的设计应关注与学校环境相协调,能够体现现代校园的个性与统一完美结合的新景观,在简洁、个性的统一设计中,以各种服饰强化风格,使服装整体效果在平淡朴素的风格中倾向时尚,在传统规范中显露新意。因此在校服设计中,必须综合考虑各种因素,要与人文、环境、时代要求相适应,寻求个性与群体的最佳结合点,使校服成为学生、家长和老师都乐于接受的校园文化形象。它的发展也是永远没有止境。因此,校服市场竞争从根本上来说,也就是对服饰文化本质的把握和对其发展趋势预测能力的竞争。简而言之,就是创新能力的竞争,尤其是产品创新能力的竞争。只有这样,才能形成良性循环,才能促进校服行业的进步。如图9.12是运动型校服的设计方案。

服饰产品创新的核心,应该是设计理念的创新。理念是服装的灵魂,是建立在对服饰文化的本质充

图9.12　运动型校服设计方案

分理解、对它的发展趋势准确把握的基础上的。校服的设计也要遵循以市场为导向的设计理念创新,是独特个性与广泛共性的结晶体,是文化艺术和市场经济的最佳组合。

任务4　项目研究主要内容

　　创新的设计是企业发展的保障,因而本书通过"纤维艺术与校服设计装饰的研究",确立企业独特的品牌核心价值和品牌定位,以及与之相适应的产品方向、风格和个性。企业要以"品牌立市"为目标,努力提高自身的竞争力,同时,通过更加灵活的管理方式,运用信息化、标准化等手段去促进供应链、销售链乃至整个产业链的发展,尽快建立和发挥本地学生装品牌的优势。

　　在当代,运用各种纺织材料的纤维艺术创作不断推陈出新,以独具特色的表达方式创造出新的校服风格,并不断地推展纤维艺术与制作及其应用的设计内涵,深入研究校服的实用功能以及在环境中和谐共生的艺术形态和语言,对我们当代学生装设计的装饰功能和纤维设计与制作及其应用的创作都具有指导意义。

　　本项目开发对校企合作产学研实践有着重要的指导意义,从设计美学观念出发主要研究与解决以下几个方面的问题:第一是人与学生装的关系,具体而言是围绕人体外部形态与学生装的关系,人体曲面与学生装结构的关系,学生装适合人体曲面的各种结构处理形式、结构的整体性以及相关结构线的吻合、功能性和结构设计的关系内容;第二是学生装设计的装饰功能和纤维艺术设计与制作及其应用的形式关系;第三是与时俱进的创新设计及设计定位准确对企业发展的促进作用,进而摆脱产品同质化竞争的局面;第四是学生装装饰对消费者的促进作用,其创新点和要求解决的关键问题就是超越以产品的实用功能和一般服务为重心的传统经济,代之以设计具有环保的设计概念、实用与审美、产品与体验相结合,提升本公司品牌价值和美誉度,达到消费者更加重视品牌的实用、审美与体验相结合的价值的目的。图9.13、图9.14是福州市校服评选展示图片。

图9.13 福州市校服方案评选展示1

图9.14 福州市校服方案评选展示2

任务5 项目研究预期成就

首先通过对学生装企业的格局与发展现状分析、品牌学生装的市场与消费趋势分析以及品牌学生装的消费者分析,把握学生装品牌及形象定位准确对企业发展的促进作用,进而摆脱产品同质化竞争的局面,结合纤维艺术的表现方法及其造型规律,将时尚创新设计转化成生产力、竞争力。其次,对学生装的版型设计方面的科研成果(平面结构与准立体化打版和版型扩缩的新技术),将时尚创新设计转化成生产力、竞争力,优化本公司产品的立体造型,提升消费者的吸引力。最后,通过学生装(bopos)品牌定位设计,提高行业市场占有率,消费者定位具有一定的市场典型性,适宜作为学生装专业科研的合作对象,在海峡服装公司推广成果适宜成为培养学生装设计教学的典型案例。

本项目预期的成就:首先对学生装成衣产品设计,融入环保的设计概念和时尚创新设计方法,塑造时尚潮流整体效果;其次对学生装结构设计与工艺设计进行改革和创新,采用新技术、新材料、新工艺、新设备,并通过提出生态学生装设计的思路,使学生装产品具备推广应用的价值,可以提升产品的时尚创新设计水平、提升产品的品牌价值和美誉度。在经济效益方面,项目预期经济指标:第一年学生装生产产量10万件(套),销售收入1 340万元,税金26万元,利润42万元。第二年产量20万件(套),销售收入2 380万元,税金54万元,利润84万元。

项目3　学生服装设计作品

福建商业高等专科学校商业美术系服装设计专业自2005年开始招生,经过几年的努力,取得了显著的成绩。与福建省的服装企业建立了良好的合作关系,积极组织学生到企业实习,每年都有毕业生留在企业工作,成长为优秀的服装专业人才,例如福建福田服装集团有限公司、福建海峡服装有限公司、福建长乐友良服装有限公司、福州林氏(逗号)香港服装有限公司、利郎(中国)有限公司和卡宾服饰(中国)有限公司、361°(中国)有限公司等省内、外服装企业都有我们培养的学生以其优秀的表现得到企业的好评。此外我系的学生在老师的指导下积极参加国内的服装设计竞赛,取得了优异的成绩。每年结合学生的服装毕业作品创作,与企业合作举办"福田杯"服装设计大赛。如图9.15至图9.43均为作品展示。

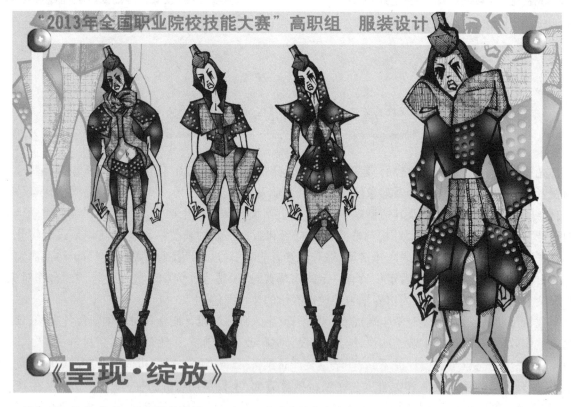

图9.15　作品 呈现·绽放效果图("2013 全国职业院校技能大赛高职组"服装设计三等奖)　设计:林世辉

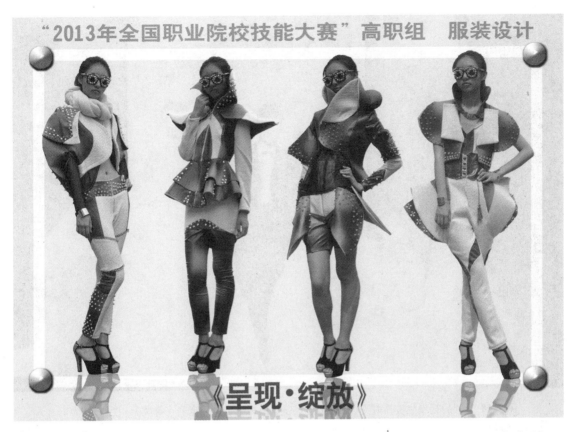

图9.16　作品:呈现·绽放绽衣("2013 全国职业院校技能大赛高职组"服装设计三等奖)　设计:林世辉

图9.17　作品:摇曳生姿·月光曲效果图　(第六届福田杯服装设计竞赛一等奖)　设计:林为忻

图 9.18　作品:摇曳生姿·月光曲成衣(第六届福田杯服装设计竞赛一等奖)　设计:林为忻

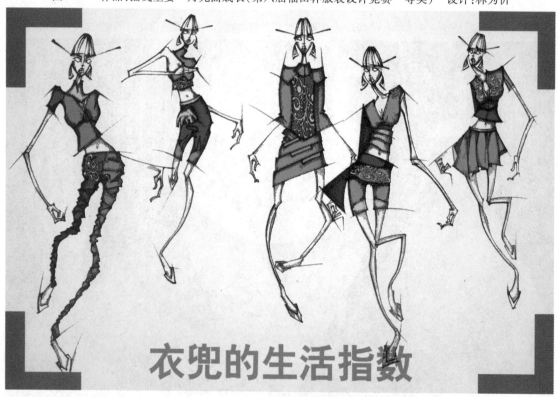

图 9.19　作品:衣兜的生活指数　设计:黄锦

图 9.20　作品:随行(2009 全国第三届高职高专院(校)师生服装设计大赛三等奖　设计:林剑琴

图 9.21　作品:几何空间　(2010 全国第三届高职高专院校师生服装设计技能大赛优秀奖)　设计:林剑琴

图 9.22　作品:成人礼　设计:林萍萍

图 9.23　作品:烂花一朵·彩云间效果图　设计:韦信实

图 9.24 作品:烂花一朵・彩云间成衣 设计:韦信实

图 9.25 作品:现代绅士 设计:张翠娥

姓名:卢章端
福建商业高等专科学校
作品:工装时态

图9.26 作品:时装工态 (第二届"石狮杯"全国高校毕业生服装设计大赛优秀奖) 设计:卢章端

图9.27 作品:工装时代成衣 (第二届"石狮杯"全国高校毕业生服装设计大赛优秀奖) 设计:卢章端

图9.28 作品:末代奢华效果图 （第五届福田杯服装设计竞赛一等奖） 设计:施美茹

图9.29 作品:末代奢华成衣 （第五届福田杯服装设计竞赛一等奖） 设计:施美茹

图 9.30　作品:青·戏　设计:袁丽珠

图 9.31　作品:踏·季　设计:卢章端

图 9.32 作品：追忆 设计：潘小菲

图 9.33 作品：野炊 e 族 设计：李建超

图 9.34　作品:精彩瞬间　设计:李建超

图 9.35　作品:华尔街风云　设计:吴国银

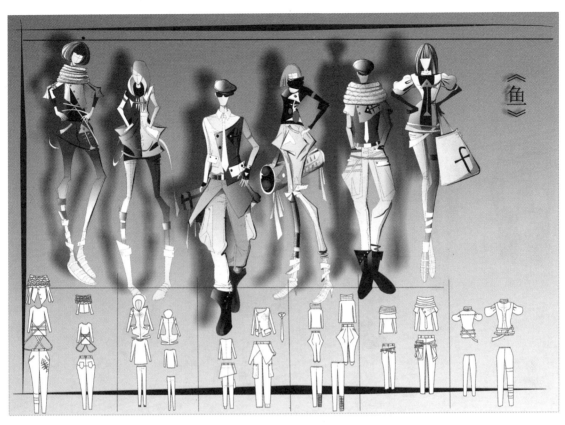

图9.36　作品:鱼　（第19届中国真维斯杯休闲装设计大赛优秀效果图奖）　设计:钟毅光

图9.37　作品:破茧·东南飞效果图(2011全国第四届高职高专院校师生服装设计技能大赛优秀作品)　设计:钟颜光

图 9.38　作品:Color Memory　设计:郑扬明

图 9.39　作品:D&N(昼夜—Dan&Night 成衣(第七届福田杯服装设计竞赛一等奖)　设计:韦婷婷

图9.40 作品:冥想三暮想 设计:魏信勇

图9.41 作品:幻—Delusion 设计:余训明

图 9.42　作品:花瓣雨　设计:朱红

图 9.43　作品:蓝国遗梦　设计:陈小琴

参考文献

［1］日本文化服装学院.日本文化服装讲座［M］.北京:中国展望出版社,1981.

［2］纳塔莉·布雷.英国经典服装纸样设计［M］.王永进,译.北京:中国纺织出版社,2001.

［3］费舍尔.时装设计元素:结构与工艺(国际服装丛书.设计)［M］.刘莉,译.北京:中国纺织出版社,2012.

［4］阿黛尔.时装设计元素:面料与设计［M］.朱方龙,译.北京:中国纺织出版社,2010.

［5］严渝仲.服装设计［M］.哈尔滨:黑龙江美术出版社,2004.

［6］国家标准《服装人体测量的部位与方法》(GB/T 16160—1996).中华人民共和国质量技术监督局.

［7］中央工艺美术学院服装班.服装造型工艺基础［M］.北京:轻工业出版社,1980.

［8］张文斌.服装工艺学［M］.北京:中国纺织出版社,1996.

［9］刘瑞璞,刘维和.女装纸样设计原理与技巧［M］.北京:中国纺织出版社,2001.

［10］谢良.服装结构设计研究与案例［M］.上海:上海科学技术出版社,2005.

［11］蒋锡根.服装结构设计——服装母型裁剪法［M］.上海:上海科学技术出版社,1993.

［12］吕学海.服装结构制图［M］.北京:中国纺织出版社,2002.

［13］包昌法.时装构成与裁制技巧［M］.北京:中国纺织出版社,1998.

［14］苏石民,包昌法,李青.服装结构设计［M］.北京:中国纺织出版社,1997.

［15］张雨,戴璐,陈雪清.服装结构设计［M］.哈尔滨:哈尔滨工程大学出版社,2010.

［16］陈雪清.《服装结构设计》启发性教学的探索与实践［J］.福建商业高等专科学校学报,2008(5).

［17］陈雪清.服装材料在款式造型中的应用［J］.艺术·生活,2008(5).

［18］陈雪清.谈服装设计中的配色［J］.艺术·生活,2009(1).

［19］陈雪清.上装结构设计——合体程度的影响因素与处理方法［J］.福建商业高等专科学校学报,2010(6).